垄作沟灌节水栽培原理与技术

马忠明　著

科 学 出 版 社

北 京

内 容 简 介

本书围绕干旱灌区水资源紧缺和利用效率不高的现状，在分析节水农业技术研究应用现状和问题的基础上，系统总结了 10 多年来干旱灌区春小麦和啤酒大麦垄作沟灌节水栽培原理与技术，玉米、制种玉米、经济作物和瓜菜垄膜沟灌节水栽培原理与技术，以及主要配套农机具等方面的研究成果，还附录了 13 项由研究团队制定并经甘肃省质量技术监督局颁布实施的地方技术标准。本书内容新颖，适用性强，对发展我国干旱灌区节水农业具有参照价值。

本书可供农学、水利、土壤、植物营养和农机等相关专业的科技人员和在读研究生参阅，也可为从事节水农业和作物栽培的相关管理人员提供参考依据。

图书在版编目（CIP）数据

垄作沟灌节水栽培原理与技术 / 马忠明著. —北京：科学出版社，2015.8
ISBN 978-7-03-045269-6

I.①垄… Ⅱ.①马…Ⅲ. ①垄作–沟灌–节水栽培 Ⅳ.①S318

中国版本图书馆 CIP 数据核字(2015)第 174575 号

责任编辑：李秀伟　白　雪 / 责任校对：郑金红
责任印制：徐晓晨 / 封面设计：北京图阅盛世文化传媒有限公司

科学出版社 出版
北京东黄城根北街 16 号
邮政编码：100717
http://www.sciencep.com

北京厚诚则铭印刷科技有限公司 印刷
科学出版社发行　　各地新华书店经销

*

2015 年 8 月第 一 版　　开本：720×960 1/16
2017 年 1 月第三次印刷　　印张：15 3/4
字数：280 000
定价：98.00 元
(如有印装质量问题，我社负责调换)

前　言

农业作为国民经济的第一产业，在我国的国民经济结构中具有十分重要的地位，是其他经济产业发展壮大的基础。近年来，随着社会经济的发展，工业化和城镇化快速推进，工业生产和人口增长对农产品产量和质量需求不断提高，保障国家粮食安全的责任越来越重。但由于耕地、淡水资源的有限性，传统农业生产技术对农业发展的推动日渐乏力，粮食生产对农业科技创新的需求日渐迫切。

甘肃省地处祖国西北地区，干旱缺水是农业生产的最大障碍。位于省内西端的河西干旱灌区水资源总量有限，农业生产长期受资源性缺水和结构性缺水问题的困扰，加之国家对内蒙古生态用水的宏观调剂，更加重了河西灌区水资源的短缺。面对水资源不足的压力，河西地区迫切需要借助农业科技创新的支撑来实现建立商品粮生产基地和发展区域特色农业的目标。近年来，研究和示范推广节水农业技术，对河西灌区粮食作物和特色经济作物的高产稳产发挥了重要作用，节水栽培技术在作物增产增效中的份额逐年增加。但面对甘肃省农业经济的现状，高投入的节水技术难以在大田作物上推广应用，要进一步提高水资源的利用率和利用效率，必须从改革现有地面灌溉技术入手，研究示范成本低、操作性强和节水增产效果明显的新技术。

甘肃省农业科学院的科技人员自 2002 年开始，围绕河西干旱灌区水资源紧缺的现状，开展垄作沟灌节水栽培技术的研究。先后完成了节水增产效果对比研究、主效农艺措施优化与配套、适宜品种引进与筛选、节水增产机理研究和农机具研制与配套等专项研究，颁布实施了 13 项地方技术标准，申报了 3 项国家发明专利。经过 10 年的试验研究与示范印证，成功提出了春小麦、玉米、制种玉米、啤酒大麦、瓜菜和经济作物的垄作沟灌和垄膜沟灌节水栽培技术，取得了显著的节水增产效果。该技术成为继旱地全膜覆盖双垄沟播集雨抗旱栽培技术之后又一项适宜在甘肃省灌区推广的节水栽培技术，被甘肃省人民政府列为 2010～2012 年全省"千万亩十亿方节水工程"的主体推广技术，3 年推广面积达 1000 万亩①以上。

　　本书在分析节水农业技术研究应用现状和问题的基础上，系统总结了 10 年来科研团队在干旱灌区垄作沟灌节水栽培技术和垄膜沟灌节水栽培技术方面的研究成果。本书分为 8 章。第一章综述和系统分析了国内外节水农业方面的新理论和新技术、存在的问题及未来发展趋势。第二章分析总结了多年固定道垄作沟灌节水栽培条件下春小麦的生长与产量效应、蒸散特征与节水效应、土壤温度变化、土壤水分变化与再分布和主要栽培技术。第三章和第四章分析总结了春小麦和啤酒大麦垄作沟灌栽培条件下的土壤环境变化、生长与产量效应、土壤水分变化与节水效果、主效栽培措施优化与配套和主要栽培技术。第五章和第六章分析总结了制种玉米和玉米垄膜沟灌栽培条件下生长与产量效应、耗水规律与节水效果、水肥耦合与产量形成和主要栽培技术。第七章分析总结了马铃薯、加工型甜椒、加工型番茄、洋葱、油葵、西瓜和甜瓜等作物垄膜沟灌栽培技术。第八章介绍了麦类作物垄作沟灌起垄播种机和玉米垄膜沟灌起垄覆膜机的主要配套机型，阐述了其工作原理和操作技术。书中还附有 13 项由研究团队制定并经甘肃省质量技术监督局颁布实施的地方技术标准。

　　本书的编写得到了研究团队成员的大力支持。王智琦、吕晓东、杜少平、连彩云、张立勤、唐文雪和薛亮等参与了技术规程的编写，研究生白玉龙在书稿的编辑和校对等方面做了大量工作，在此表示感谢。由于研究水平有限，书中难免存在不足之处，恳请同行提出宝贵意见。

著　者

2015 年 3 月 18 日

---

① 1 亩≈666.7m^2

目　　录

第一章　节水农业技术研究现状与发展

干旱是一个世界性问题，随着农业生产的发展和人口的增加，水资源短缺对工农业生产的影响越来越大，作为用水大户的灌溉农业，将面临着更加严峻的挑战。因此，发展科学灌溉技术、不断提高灌区单产水平成为各国农业研究的重点。近年来，各国在节水农业的研究中取得了诸多成果，为灌溉农业的发展提供了有力的技术支撑。

第一节　水资源及其利用概况

一、国内外水资源现状

（一）全球水资源现状

全球淡水资源总量仅占地球水资源总量的 2.5%，而人类可利用的淡水资源约占地球总水量的 0.26%。淡水资源不仅总量少，而且在地区间分布极不平衡。巴西、俄罗斯、加拿大、中国、美国、印度尼西亚、印度、哥伦比亚和刚果等 9 个国家拥有的淡水资源占世界淡水资源的 60%，相对应的是全球至少有 80 个国家属于干旱半干旱国家，世界约 40% 的人口严重缺水，其中 26 个国家的 3 亿人口完全生活在缺水状态下（石虹，2002）。

21 世纪以来，随着人口膨胀与工农业生产规模的迅速扩大，全球淡水用量飞快增长。1900~1975 年，世界农业用水量增加了 7 倍，工业用水量增加了 20 倍。近几十年来，淡水用量以每年 4%~8% 的速度持续增加，供需矛盾日益突出，干旱使越来越多的人离开祖辈繁衍生息的地方，成为"环境难民"。

据预测，到 2025 年全世界将有 30 亿人口缺水，涉及的国家和地区达 40 多个。水资源正在变成一种宝贵的稀缺资源，水资源问题已不仅仅是资源问题，更成为关系到国家经济、社会可持续发展和国家地区稳定的重大战略问题。

（二）我国水资源现状

我国水资源整体上短缺，属于资源性缺水国家。多年平均降水总量约6.188万 m³，年水资源总量为 2.81 万亿 m³，居世界第六位，人均水资源约 2200m³，仅为世界平均值的 1/4，每公顷土地平均占有水资源 19 500m³，只有世界平均水平的一半（许迪和康绍忠，2002）。

我国水资源分布的突出特点是时空分布不均和水土资源不匹配，水资源分布状况与国民经济的布局和发展之间严重错位。地处长江、淮河沿线以北地区的土地面积约占全国土地总面积的 65%，耕地占全国耕地总面积的 51%，人口占全国人口总数的 40%，且多数重要能源及化工基地均分布在该地区，但水资源占有量却仅为全国水资源总量的 20%。

农业是用水大户，年均用水总量 4000 亿 m³，占全国总用水量的 70%，其中农田灌溉用水量 3600 亿～3800 亿 m³，占农业用水量的 90%～95%（陈清硕，1990）。农业用水缺口每年约 300 亿 m³，每年因旱成灾面积平均约 1500 万 hm²，导致农村地区约 2000 万人口饮水困难（许迪和康绍忠，2002）。

随着工业化、城市化的快速推进及人口的不断增加，城市的缺水问题越来越严重。全国城市年缺水量为 60 亿 m³，655 个城市中，已有 400 多个城市存在不同程度的缺水问题，其中又有 110 个城市严重缺水。按照国际公认的标准，目前我国有 16 个省（市、区）人均水资源量低于 1000m³ 的严重缺水线，有 6 个省（区）人均水资源量低于 500m³ 极度缺水线。

据预测，2030 年前后我国人口将达到 16 亿高峰，需要粮食年产量增长到 6.4 亿～7.2 亿 t 才能满足需求。按照现有水平推算，为了满足这一需求，灌溉农业面积需要增加到 6000 万 hm²，用水量将从现在的 4000 亿 m³ 增长到 6650 亿 m³。在不增加现有农田灌溉用水量的情况下，至 2030 年农业将缺水 500 亿～700 亿 m³，全国缺水高达 1300 亿～2600 亿 m³。可以预见届时水资源短缺将严重制约我国国民经济可持续发展（许迪和康绍忠，2002）。

（三）西北干旱区水资源现状

西北地区多年平均水资源量为 1635 亿 m³，仅占全国水资源总量的 5.84%。2000 年西北地区人均水资源占有量 1781m³，为全国当年人均水资源量的 80.5%，成为严重的缺水地区。全区总用水量 817 亿 m³，其中农业用水占 89.3%，耗水总量 547 亿 m³，农业耗水率为 62.8%（刘贤赵等，2005）。

甘肃省河西内陆河灌区是西北干旱灌区的主要组成部分,可利用水资源量为 67.36 亿 m³。其中,石羊河流域 17.19 亿 m³、黑河流域 31.82 亿 m³、疏勒河流域 18.35 亿 m³。这一地区人均水资源量 1444.6m³,不足全国人均水资源量的 2/3,仅为世界人均水资源量的 1/6,其中严重缺水的石羊河流域人均水资源为全国人均水资源的 1/3。河西地区每公顷土地平均占有水资源量 7785m³,为全国的 1/3、世界的 1/4,其中石羊河流域每公顷土地平均占有水资源量为全国的 1/5。2007 年,河西地区农业用水占总用水的 90%,农业耗水占总耗水的 92%,农业年均缺水 5.9 亿 m³。以河西地区的张掖市为例,预计到 2020 年,农业缺水量将达到 6.81 亿 m³,水资源缺口则会达到 22.6%(康尔泗等,2004;李世明等,2002)。

受全球气候变化影响,近 500 年来,祁连山区气温升高 1～1.2℃,导致冰川面积减少 33%～46%,冰川储量减少 31%～51%,年降水量减少 50～80mm,冰川融水减少 35%～46%,陆面蒸发约增加 7%,雪线由 3800m 上升至现在的 3950m 以上,源头冰川消融速度加快,冰川面积仅存 2911km²,冰雪水资源持续减少。由于祁连山雪线上升和冰雪水资源减少,下游河流来水量持续减少。以石羊河流域为例,自 20 世纪 50 年代开始,流域下游地区来水量逐年减少,由 20 世纪 50 年代的 5.94 亿 m³ 下降到 2000 年的 1.10 亿 m³(图 1-1)。

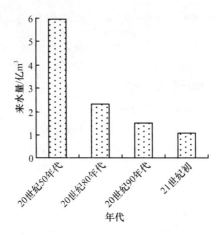

图 1-1 石羊河流域下游来水量的变化

二、水资源利用现状

随着社会经济发展,用水量持续增长,我国用水结构性矛盾日益凸显。2003 年,我国农业用水（含林业、湿地等）占总用水量的比例由 1980 年的 83.4%下降到 64.5%，工业用水由 10.3%提高到 22.1%，生活用水及其他用水由 2%提高到 11.9%。用水结构虽得到不断调整和优化，但仍存在农业用水比例大、工业用水比例小和生态用水不足等问题。以甘肃省河西地区为例（图1-2），农业用水达 79.94%、工业用水占 13.74%、生活用水占 4.85%、城镇用水占 1.29%、生态用水仅占 0.18%。工业用水比例小于世界 23%和全国平均工业用水 17.4%的水平，农业用水比例大大超出世界 69%和全国平均农业用水 73.4%的水平，生态用水比例太小，不能满足生态建设的需要。

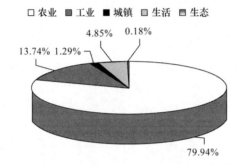

图 1-2　甘肃省河西地区各部门用水结构（另见彩图）

虽然水资源紧缺已成为限制我国国民经济和社会可持续发展的重要因素，但是在我们的生产生活中又存在水资源利用率偏低和水资源严重浪费的问题。据统计，我国农业用水的利用效率为 40%，仅约为发达国家的一半；平均水资源粮食生产效率为 0.58kg/m³，远低于发达国家 2kg/m³ 以上的水平。我国万元国民生产总值（GDP）用水量虽然从 20 世纪 80 年代初的 2909m³ 下降到 2007 年的 297m³，但仍是世界平均水平的两倍多。农业用水有一多半在输水、配水和田间灌溉过程中被白白浪费，在一些年久失修的灌区，跑冒滴漏现象严重，有效利用系数仅为 0.2～0.4。

统计表明，西北地区拥有全国 18%的耕地和 19%的水资源，却仅仅生产了全国 8.8%的粮食和 6.7%的肉类。西北地区农田平均实灌定额 10 065m³/hm²，比全国平均值高 40%；万元 GDP 用水 1736m³，是全国平均值的 1.85 倍；农田灌溉水利用系数平均仅 0.3～0.4，水资源粮食生产效率 0.58kg/m³，仅为全国平均水平的 44%。经过分析，造成这种情况的直接原因是农牧业与水土资源之间结构性错位。西北地区农牧业结构中，种植业占 70%左右，畜牧业比例仅有 28.5%左右。在种植业构成中，高耗水的粮食作物比例偏大，粮食作物构成中，夏粮面积偏大。这种产业结构与本地区水资源贫乏而草地资源丰富的资源结构严重错位。

我国的水资源利用现状表明，我国发展节水农业具有巨大的潜力。据预测，若将农田灌溉水的利用率由目前的 40%提高到发达国家（农田灌溉水利用率为 70%）的水平，则每年可节水 900 亿～950 亿 m^3，节约的水资源不仅能满足 7 亿 m^3 左右的食物生产用水，还能节约出 400 亿～500 亿 m^3 的水量用于国民经济的其他重要行业，这无疑对国家经济的可持续发展和社会安全稳定有着重大意义。

三、缺水引起的生态环境问题

（一）地下水位连续下降和水质恶化

由于水资源不足，北方地区河流取水量已经远远超出环境的承载能力，地表水不足又导致地下水资源被过度开采利用，引起地下水位持续下降。据测算，我国地下水年均超采 228 亿 m^3，超采区面积达 19 万 km^2。甘肃省河西走廊水资源开发利用率达 102%，其中，石羊河流域高达 154%、黑河流域为 95.5%、疏勒河流域为 76%，远远超出国际合理开发利用率 40%和我国合理开发利用率 70%的水平（图 1-3）。近年来，河西走廊地下水位平均每年下降 0.22～0.64m，与 20 世纪 50 年代末 60 年初相比，走廊平原地下水位普遍下降 3～5m、武威盆地南部下降 10～20m、民勤盆地下降 10～15m。多年监测结果（图 1-4）表明，位于河西走廊石羊河流域下游的民勤县，自 1972 年起，地下开采水量迅速增加，地表水径流量和地下水补给量逐年下降，造成地下水位严重下降。

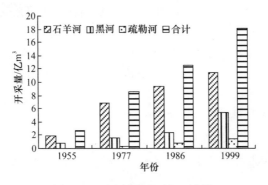

图 1-3　河西走廊地下水开采量

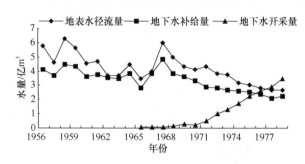

图 1-4　石羊河下游民勤县水资源变化

同时，由于地下水量减少，地下水水质迅速恶化。河西地区浅层地下水矿化度每年增加 $0.2\sim0.35mg/L$，深层水每年增加 $0.24mg/L$。在民勤的昌宁县和湖区的 5 个乡镇，浅层地下水矿化度已达到 $2.436\sim4.065g/L$，年均变幅 $0.028\sim0.285g/L$。

（二）土地荒漠化加剧

土地荒漠化主要是在干旱化的气候背景条件下，水资源利用不合理引起的。中国荒漠化形势十分严峻，根据 1998 年国家林业局防治荒漠化办公室等政府部门发布的数据，中国是世界上荒漠化严重的国家之一。全国沙漠、戈壁和沙化土地普查及荒漠化调研结果表明，中国荒漠化土地面积为 262.2 万 km^2，占国土面积的 27.4%，近 4 亿人口受到荒漠化的影响，西北地区荒漠化土地总面积约 60 万 km^2。中国荒漠化土地中，以大风造成的风蚀荒漠化面积最大，为 160.7 万 km^2。据统计，20 世纪 70 年代以来仅土地沙化造成的荒漠化，每年就有 $2460km^2$。中、美、加国际合作项目的研究结果表明，中国因荒漠化造成的直接经济损失约为 541 亿元。

通过分析同一地点、不同时期的陆地卫星影像资料，也证明了中国荒漠化发展形势的严峻性。毛乌素沙地地处内蒙古、陕西和宁夏交界，面积约 4 万 km^2，40 年间流沙面积增加了 47%、林地面积减少了 76.4%、草地面积减少了 17%。浑善达克沙地南部由于过度放牧和砍柴，短短 9 年间流沙面积增加了 98.3%、草地面积减少了 28.6%。

（三）沙尘暴加重

土地的沙化导致中国北方地区沙尘暴发生越来越频繁，且呈现强度加强、范围扩大的趋势。同时，一些不合理的经济活动破坏了一些地方的地表覆盖，助长或促进了沙尘暴的发生和发展。我国西北地区从公元前 3 世纪到 1949 年间，共发生有记载的强沙尘暴 70 次．平均 31 年发生一次。而建国后近 50 年中已发生 71 次。甘肃省河西地区沙尘暴发生频率从 20 世纪 50 年代的年均 5 次发展到 90 年代的年均 20 次（图 1-5）。1993 年 5 月 5 日，新疆、甘肃、宁夏先后发生强沙尘暴，造成 116 人死亡或失踪，264 人受伤，损失牲畜几万头，农作物受灾面积 33.7 万 hm^2，直接经济损失 5.4 亿元。1998 年 4 月 15～21 日，自西向东发生了一场席卷我国干旱、半干旱和亚湿润地区的强沙尘暴，途经新疆、甘肃、宁夏、陕西、内蒙古、河北和山西西部。宁夏银川因连续浮尘，飞机停飞，居民普遍感觉呼吸困难，呼吸道疾病高发。同年 4 月 16 日，飘浮在高空的尘土在京津和长江下游以北地区沉降，形成大面积浮尘天气。其中北京、济南等地因浮尘与降雨云系相遇，于是"泥雨"从天而降。

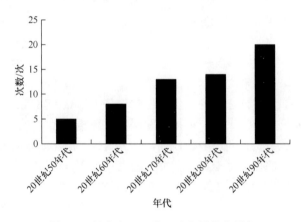

图 1-5　甘肃省河西地区沙尘暴发生频率

（四）地表植被减少

随着荒漠化的发展和加重，地表植被结构发生明显变化。一是组成变简单，荒漠化地区天然植被趋向单一化，白刺、盐爪爪、碱蓬等耐盐耐旱植物成为优势群种。二是覆盖度降低，天然草场上，禾本科和豆科牧草大量减少，植被覆盖度由 50% 下降到 30% 以下，植被生长衰退甚至干枯死亡。戈壁、流动沙丘深入绿洲腹地，盐碱地面积增加，人工栽植的固沙梭梭林大面积干枯死亡，因覆盖地膜而形成的"白色污染"加重。

第二节　节水农业技术研究重点与进展

一、农艺节水技术

（一）蓄墒保墒耕作技术

蓄墒保墒耕作技术主要包括深耕深松保墒技术、耙糖和镇压保墒技术以及保护性耕作技术。传统耕作由于犁底层的存在影响了水分的入渗，限制了土壤蓄水能力。深松可打破犁底层，加深耕层疏松土壤厚度。土壤深松后，对灌水和降水的蓄纳能力增强，土壤水分增加，促进了作物根系对土壤深层水分的吸收，减少了对土壤表层水分的消耗，提高了水分利用效率。耙糖和镇压保墒技术可减少表土层内的大孔隙，减少土壤水分蒸发，达到保墒的目的。廖允成等（2002）的研究表明，夏闲期采用高留茬、深松耕较传统翻耕法多蓄水约76.2mm。

保护性耕作将传统耕作技术对土壤过度加工的精耕细作方式改为少耕或免耕，同时采用秸秆、残茬或其他植被覆盖地表以减少雨水和风对土壤的侵蚀，降低土壤水分蒸发。多项研究证明，保护性耕作可以改善土壤结构，提高土壤含水量和水分利用效率。美国已将推行保护性耕作作为防止"黑风暴"的重要战略措施之一，该技术也成为澳大利亚可持续发展的重要措施。中国从20世纪80年代初期开始着手研究少耕、免耕农作制度，尤其是近20年来，随着人口的迅速增长、生态环境日益恶化、水土流失以及干旱逐年加剧，旱区各地将少耕、免耕等保水、保土耕作措施与秸秆覆盖措施相结合，形成了多种类型的保护性耕作技术。曹连生（2004）研究表明，保护性耕作地的休闲期蓄水量较传统耕作高15%，多年平均水分利用效率较传统耕作高17%，9年小麦平均增产24%。保护性耕作最大限度地减少了土壤物理结构的破坏，提高了土壤保墒性能，降低了土壤水分的蒸发量，增产增收效果明显。

（二）覆盖保墒技术

覆盖保墒技术主要包括秸秆覆盖和地膜覆盖等地表覆盖技术。地表覆盖可以改变地表蒸发条件，抑制农田表土水分蒸发，是行之有效的节水保墒技术。

秸秆覆盖技术是利用秸秆等作物性物质覆盖土壤表面的一种保墒措施。秸秆覆盖可避免因雨滴的直接冲击在土壤表面形成不易透水透气的土壤板结硬壳，减少径流，增加降雨直接入渗量，防止风蚀水蚀。覆盖割断了蒸发层与下层土壤的毛管联系，阻碍土壤与大气层间的水分和能量变换，有效抑制蒸发。另外，作物秸秆中含有较多的营养元素，覆盖农田后，在高温多雨季节，秸秆易腐烂分解，增加土壤肥力，改善土壤生态环境。秸秆覆盖量应根据当地气候条件、土壤类型而定。在较湿季节或较湿土壤带，覆盖量过多造成土壤过冷或过湿，对作物生长不利。在干旱季节或地区，加大覆盖量，有利于覆盖保墒。

地膜覆盖技术作为一种保墒调温的农艺措施，具有控制土壤水分蒸发、调节地温、提高养分有效性及利用效率、保护土壤结构、抑制杂草生长和杀死土壤中一些病原体等正面作用而被大面积推广。据不完全统计，目前我国地膜覆盖栽培面积已达到 1000 多万公顷，地膜覆盖栽培的作物共 60 多种，栽培理论和技术已有了新的发展。对中国地膜覆盖栽培的初步调查结果表明，夏玉米地膜覆盖栽培与无膜覆盖相比减少耗水量 $317m^3/hm^2$、增产 $3975kg/hm^2$；小麦全生育期覆盖地膜与露地相比增产 30%、节水 30%。

（三）水肥耦合技术

在农业生产中，水、肥两因素直接影响着作物的产量、品质和效益，同时两因素之间也存在着密切的相互关联、相互制约的关系，科学施肥是提高农田水分利用效率的重要途径之一。大量的试验表明，作物的气孔调节、作物的保水能力和膜透性、作物的光合作用等都与氮、磷、钾营养有紧密关系。在水分胁迫下，施用氮、磷、钾肥能够补偿水分胁迫下作物表现出的生长缓慢、叶面积减小、叶片伸展缓慢和产量下降等不良效应。在旱地条件下，适量施用氮、磷肥，可增加单株次生根条数，还可增加根系生物总量和深层根系数量，并能提高根系活力。与单一施用氮肥或磷肥相比，氮、磷配合施用促进根系发育的效果更为显著。增施有机肥可提高土壤有机质含量，促进土壤团聚体的形成，增加土壤孔隙度，起到蓄水保墒的作用。据测定，有机质从 1% 提高到 1.5%，雨水渗入速度增加 1/3，早春土壤蒸发减少 16%～60%。合理施肥可促进根系发育，提高根系吸水功能，改善叶片的光合能力，增加同化物含量，最终提高作物的水分利用效率。另外，通过施肥可改变植物脱落酸（ABA）代谢，对改善植物对干旱信号的感应能力以及提高耐旱性有实际意义。因此，根据作物生长特点、需肥规律和需水规律，研究水肥耦合原理，建立以肥、水、作物产量为核心的耦合模型和技术，做到合理施肥，培肥地力，以肥调水、以水促肥，充分发挥水肥协同效应和激励机制，提高抗旱能力和水分利用效率，对提高作物的产量和品质起着非常关键的作用。

（四）种植结构调整

合理调整作物结构和布局，建立相互促进、综合发展的动态平衡，是干旱地区发挥生态优势、增产增收的重要途径。不同物种及其各生育期在相同的自然和栽培条件下水分利用效率差异很大，不同光合类型作物水分利用效率（WUE）存在很大差异，这是调整种植结构的重要依据。以色列大部分耕地干旱贫瘠，水资源十分紧缺，为此，以色列政府在种植结构上大力发展附加值高、面向国际市场的优质农产品，如柑橘、番茄、甜椒、花卉等。农业中非粮食产值占 88.7%，水稻、小麦和油菜等耗水大田作物产品则依赖进口，使一个水资源极端贫乏、农业生产条件十分恶劣的小国在短短几十年内成为一个农产品具有良好国际信誉、先进农业技术和设备出口的强国。中国自 1980 年以来建立了面向市场和资源双重约束的节水型种植业结构，把目前以粮食为主兼顾经济作物的二元结构，逐步发展成"粮、经、饲"的三元结构，取得了较好的成就。如陕西省陕北实行退耕还林、还牧，调整粮、经、饲结构，实行"四法"种植；山西省晋北和吕梁地区实行"农作物—绿肥—牧草"轮作；甘肃省河西地区已成为重要的制种基地，多种作物的种子已经销往全国许多省和东南亚地区，并初步成为西北地区的蔬菜供应基地。事实证明，种植结构的调整，既增加了农民收入，也缓解了用水矛盾。

（五）抗旱节水品种选育

传统的育种手段对于改善作物的抗逆性虽有一定效果，但距人们期望的目标还有很大距离。现代生物技术的发展则使人们从分子水平上阐明了作物抗旱性和高水分利用效率的物质基础及其生理功能，通过基因工程手段进行基因重组，为创造节水耐旱与丰产兼备的新品种开拓了新的途径。一些微生物专家发现，通过调节植物中耐旱、耐盐基因的活性，能使植物适应恶劣条件生长。伊利诺伊大学生物学家从冰叶日中花中找到产生渗透保护剂的基因，并将其引入烟草作物，显著提高了改性后烟草的耐旱性。中国华中农业大学熊立仲教授领导的课题组因发现可以提高转基因水稻抗旱性和耐盐性的基因 SNACI 及其在该领域具有代表性的研究工作，受到世界权威学术杂志《科学》新闻聚焦栏目的关注。

二、生物节水理论与技术

针对世界范围内水资源的紧缺性和低灌溉效率的普遍性，开展土壤-植物-大气连续体（SPAC）水分关系、作物节水灌溉理论、有限水量在作物间和作物生育期内的时空最优分配制度等方面的研究，努力提高灌溉效率和灌溉效益，已成为世界各国关注的研究问题。

（一）有限灌溉与作物生长和产量形成

有限灌溉（limited irrigation，LI）又称非充分灌溉（unsufficient irrigation，UI）或亏缺灌溉（evapotranspiration deficit irrigation，EDI），是对作物进行实际蒸散量小于潜在蒸散量的灌溉或灌水量不能充分满足作物需水量的灌溉。20世纪60年代中期，Jensen和Sletten发现仅当每次灌水前土壤相对有效含水率下降至25%时，水分亏缺才会对高粱产量产生影响，从而提出了限水灌溉的可行性。通过主要作物充分与非充分灌溉的对比试验，采用"计算减产率"或"旱情相关指数"（index of drought resistence）表达缺水的平均减产情况，认为作物适度水分亏缺仍可获得较高产量（Rao et al.，1992），依此发展成为调亏灌溉（regulated deficit irrigation）理论。随后在综合考虑时间上调亏、水量的优化分配和作物根系的功能对提高水分利用率的作用的基础上，提出控制性交替灌溉（controlled alternative irrigation，CAI）的概念和方法（康绍忠等，1997）。

有限灌溉影响作物生长的重要理论之一是认为作物具有一种有效缺水效应（benefit of limited water deficit）。当作物处于适度水分亏缺的逆境中时，对于有限缺水具有一定的适应性和抵抗效应（汤章成，1983）。适度水分亏缺不一定使产量显著降低，反而使作物水分利用效率显著提高（Gajri and Prihar，1983；于健和陈亚新，1991；Puchakayala et al.，1994）。研究表明，禾谷类作物早期适度缺水有利于增产，其主要原理是引起作物体内营养物质分配模式的改变，同化物从营养器官向生殖器官分配增加，氮的重新分配促进了根冠发育和根系下扎（Turner，1989）。而在禾谷类作物生长后期适度缺水，促进灌浆进程，灌浆速率加快，作物体内物质运输速度不降低，经济产量增加（Venezian，1987；山仑等，1980；Voltz et al.，1996）。对玉米花期受旱复水后的源库关系研究发现，干旱使单位光合势所对应的穗粒数在轻、中、重三种水分亏缺下均减少，导致亏缺复水后源对库的相对充足，使粒重相对增加，但由于库对源的反馈调节，粒重增加幅度较小。

不同时期水分亏缺对作物生长与产量的影响不同（山仑等，1980；盛宏大和王韶唐，1989；王沅，1982；Hochman 和陈云昭，1985）。小麦拔节期水分亏缺对叶片影响最大，抽穗期对茎秆影响最大，成熟期对穗部影响最大。而单株绿色叶面积对穗干重的直接效应最大，叶茎鞘干重合计对穗干重的直接效应最大（康定明和魏国治，1993；康定明，1996；Misra and Chaudhary，1985）。玉米营养生长期轻度干旱不会造成最终叶面积的减少，只是使生长延迟。由于水分亏缺后恢复供水具有补偿效应，短期的中度干旱后供水，可补偿部分干旱造成的损失。但长时间中度胁迫或严重胁迫将造成代谢失调和生长下降。玉米产量形成的水分临界期在吐丝前后，此期水分胁迫影响抽穗，导致 50%以上的产量损失。花期不遇与胚囊败育导致穗粒数剧减是此期干旱减产的主要原因。吐丝和灌浆初期水分亏缺导致穗粒数降低，授粉后的水分亏缺降低穗粒重，而对穗粒数影响不大（Frey，1982；Harder et al.，1982；Stewart et al.，1983；Harold，1986；梁宗锁等，1995）。从亏缺程度而言，轻度和中度干旱下只有粒重受到影响，而严重干旱下粒重和粒数均受到影响（孙占祥等，1995；关义新等，1995）。因而，作物某些生长阶段的适度水分亏缺对促进作物群体高产具有积极作用，但也存在较大的风险性（Ouattar et al.，1987）。

这些理论的提出和方法的实施，对丰水高产型灌溉向节水优产型灌溉转变、根据作物生理功能人为对作物某一阶段进行亏水处理、控制作物生长促进后期籽粒的形成、提高水分利用率起到了积极作用。应用于粮食、经济和果树等作物上，取得了明显的节水效果和较高的产品质量（Kramer，1983；Wright et al.，1994；康绍忠等，1997）。

（二）有限灌溉与作物吸水、光合和蒸腾

自 Philip 于 1966 年提出较完整的土壤-植物-大气连续体（SPAC）概念后，作物水分关系的研究开始建立在了一定的生理和物理基础上。美国 CERCES 系统将土壤水运动规律和作物耗水规律结合起来，建立了土壤水分与灌溉管理子系统（曹永华，1991）。国内也进行了 SPAC 水流动态模拟研究，建立了 SPAC 水流运动模拟模型，用于土壤和作物水分状况的动态模拟（康绍忠，1992；卢振民，1992），使土壤、作物、大气水分关系的研究进入新的阶段。

根系吸水与土壤水分的关系是 SPAC 动态模拟研究的基础（Kirkova，1994）。根系生长与吸水之间具有复杂的非线性关系，单位土体根系吸水速率（WU）与根长密度（RLD）的关系为：$WU=RLDa$，$a\in[0.5，2.2]$，表明根系越庞大，吸水

能力越强，吸水量越大。土壤水分亏缺时，作物吸水量与根系密度关系不大，而受根系长度的影响较大，深根系较浅根系更利于抗御土壤干旱（Ehlers et al.，1991）。浅根系即使是土壤水分不亏缺，短期干旱也会限制作物生长，降低作物产量（Molz and Remson，1971；Unger and Kaspar，1994）。根系吸水除受根量、根长的影响外，还与根本身吸水活力有关。总根量中活性根数量多，吸水能力强（张喜英和袁小良，1995；Meyer and Barrs，1991）。

作物根系的大小、数量和分布可对土壤水分状况和氮素营养的变化做出适应性反应（Carefoot and Major，1994；冯广龙和刘昌明，1996）。灌水越早，根系越大，充分供水下作物根量大于有限供水，但扎根深度浅于有限灌溉。随着土壤水分亏缺量的增加，降低氮肥施用量有利于根干重的提高，而对根长的影响不大。严重水分亏缺下，氮素营养对根系生长，尤其对根量有增效作用（梁银丽和陈培元，1995）。作物根系对土壤水分和氮素营养的适应性变化是水分亏缺条件下作物抗旱高产的基础。

有限灌溉引起的作物光合作用减弱是干旱条件下作物减产的一个主要原因，而且不同亏缺强度和亏缺时间引起光合作用下降的主要原因不同（史吉平和董永华，1995；Singh，1992；Fageria，1992）。轻度水分亏缺条件下，光合作用下降的主要原因是气孔性限制。气孔关闭，气孔导度下降，扩散阻力增加，导致光合作用下降（薛青武和陈培元，1990）。严重水分胁迫条件下，光合作用下降主要是由非气孔性限制引起，叶绿体结构和功能的损伤以及由此引起的一系列生理生化变化均引起中度以上水分亏缺条件下作物光合作用的下降（王邦锡和何军贤，1992）。

作物蒸腾速率受多种因素制约（山仑和徐萌，1991）。在水分为限制因素时，其变化较为复杂，一般随供水量减少，蒸腾速率下降（李新有等，1995）。但根据气孔的最优化调控理论，作物可蒸腾水量一定时，气孔对其张度的调节使作物叶片光合作用保持在一定的水平，光合与蒸腾的比值达最高，达到在不牺牲光合作用的前提下降低蒸腾速率的目的，为作物有限灌溉提出了新的理论依据（梁宗锁等，1995）。

（三）有限灌溉与作物蒸散量、产量和水分利用效率

缺水地区建立合理的蒸散量与产量的关系，是指导有限灌溉的理论依据之一。水分不足时，作物蒸散量与产量之间呈显著的线性关系，产量随蒸散量的增加而增加（山仑和徐萌，1991；冯金朝等，1992；冯金朝和黄子琛，1995）。蒸散量超过一定值后，与产量的关系由线性转向非线性，此时增加灌水量导致水分

利用效率下降（程维新，1990；梁宗锁等，1995）。由于不同生长阶段作物对缺水敏感性的差异，在作物不同生长时期进行有限灌水，即使最终蒸散量相近，作物的产量和水分利用效率也存在明显差异。这种差异在同种或不同作物上随水分亏缺发生时期、持续时间及亏缺程度的不同而变化（陈亚新和康绍忠，1995）。

作物-水模型（model of response to water）是水分供应时间和数量对作物产量影响的数学模拟描述，也称时间水分生产函数（the dated water production function），反映了作物产量与蒸散量的定量关系（Rajput and Singh，1986）。在 Dewit 初级线性模型及 Hanks 作物因子和管理措施对产量影响等比关系的基础上建立的线性模型反映了不同生育阶段缺水的同等减产效应和全生育期内水分亏缺的平均敏感性。阶段缺水模型的建立，反映了时间效应和灌水的滞后效应。

典型的阶段缺水模型有以 Jensen 为代表的阶段缺水乘法模型和以 Blank 和 Stewart 为代表的阶段缺水加法模型。阶段缺水乘法模型用乘函数的数学式考虑了多阶段间的阶段相互效应，认为每阶段缺水不仅对本阶段产生影响，而且通过连乘的数学关系反映了多阶段缺水的总影响。而阶段缺水加法模型只考虑了每一阶段缺水的单独效应，认为缺水对产量形成的总影响由各阶段缺水的单独影响相加而成。作物对水分敏感系数的大小代表不同阶段缺水对作物产量的影响程度，且因环境条件的变化而改变。作物阶段水分生产函数的建立和缺水敏感系数的确认是指导有限灌溉的理论基础。

三、工程节水技术

（一）渠道防渗技术

渠灌区在我国北方占有很大的比重，渠灌区控制面积约占我国北方地区灌溉面积的 2/3。我国每年因渠道输水渗漏损失的水量高达 1500 亿 m^3，土渠输水渗漏损失占引水量的 50%～60%，一些较差的土渠损失高达 70%。为减少输水系统的水量损失，近年来通过渠道防渗技术的研究和示范，形成了一套相对配套的技术体系，使渠系利用系数有了明显的提高。纵观目前渠道防渗技术与方法，依据所使用的防渗材料大致可划分为土料压实防渗、三合土料护面防渗、石料衬砌防渗、混凝土衬砌防渗、塑料薄膜防渗和沥青护面防渗 6 种。其中混凝土衬砌防渗是使用最为广泛的一种渠道防渗措施，可分为现场灌注和预制装配两种施工方式，防渗效果好，使用寿命长，特别是使用混凝土"U"形渠槽防渗还可以提高渠道流速和输沙能力。与土渠相比，混凝土护面可减少渗漏损失 80%～90%，浆砌石衬砌可减少渗漏损失 60%～70%，塑料薄膜防渗可减少渗漏损失 90%以上。高分子材料在渠道防渗方面的应用技术也日渐成熟，已经开发出高性能、低成本的新型土壤固化剂和固化土复合材料，并在具有防渗、抗冻胀性能的复合衬砌工程结构形式的研究方面取得了显著的进展。

（二）低压管道输水技术

低压管道输水技术，简称"管灌"，是利用低压输水管道将水直接输送到田间沟畦灌溉作物，以减少输送过程中水的渗漏和蒸发损失的节水技术，被誉为中国井灌区的一次革命。低压管道输水技术具有省水、节能、节地、易管理、省工、省时等优点，可使渠系水利用率提高到 92%～95%，毛灌水定额减少 30%左右，节约能耗 25%以上。我国自 20 世纪 50 年代就开始对管道输水灌溉技术进行试点应用，该技术除在井灌区得到推广应用外，近年来，在渠灌区和扬水灌区也取得了一定进展。低压管道输水采用的聚氯乙烯（PVC）管道成本较低，平均投资 3750元/hm²。采用低压暗管输水，井灌区可减少占地 2%左右，扬水灌区可减少占地 3%左右。在北方井灌区，大面积实行"小白龙"输水灌溉，运用低压塑料软管进行地面单井配水灌溉，可使单井灌溉面积扩大近一倍，灌溉水的利用率达到 97%以上。开展渠道和管网相结合的高效输水技术研究将是渠灌区发展输水灌溉今后的研究重点。

（三）喷灌技术

喷灌技术与传统的地面灌水技术相比，具有适应性强、控制性强、不易产生地表径流和深层渗漏等优点。与传统地面灌水技术相比，喷灌可节水 25%～40%，且灌溉均匀，灌水质量高，减少占地，能扩大播种面积 10%～20%。喷灌有利于促进灌溉机械化和自动化，主要用于附加值较高的经济作物。总体上讲，我国喷灌技术水平正处在从数量型向质量、效益型转变的关键过程。

（四）微灌技术

微灌技术是一种新型的节水灌溉技术，包括滴灌、微喷灌和渗灌，是所有田间灌水技术中能够做到对作物进行精量灌溉的高效方法之一。微灌技术具有节水节能、灌水均匀、水肥同步、适应性强、操作方便等优点，可适用于山区、坡地、平原等各种地形条件。微灌技术比地面灌溉技术节水 30%～50%，高者超过 60%，比喷灌节水 15%～20%。与地面灌溉相比，苹果滴灌可节水 70% 以上，增产 30%；大田作物滴灌可节水 60%，增产 30%。在北方干旱地区，为了减少水分蒸发，将地膜覆盖技术与滴灌技术结合，研究示范推广了膜下滴灌技术，可实现节水 70% 以上。

四、管理节水技术

为实现灌溉用水管理手段的现代化与自动化，满足对灌溉系统管理灵活、准确和快捷的要求，发达国家的灌溉水管理技术正朝着信息化、自动化、智能化的方向发展。在减少灌溉输水调蓄工程的数量、降低工程造价费用的同时，既满足了用户的需求，又有效地减少了弃水，提高了灌溉系统的运行性能与效率。

灌区用水管理依托于网络技术和遥感（RS）、地理信息系统（GIS）、全球定位系统（GPS）等技术，实时监测土壤水分状况，通过实时灌溉预报模型预测农田土壤盐分及水分胁迫对产量的影响，建立用水决策支持系统，为用户提供不同类型灌区的动态配水计划，以适应灌区用水灵活多变的特点，做到适时、适量供水，达到优化配置灌溉用水的目标。

在此基础上开展的适合不同地区非充分灌溉模式的研究是干旱缺水条件下灌溉用水管理的基础，随着水资源短缺的不断加剧，其研究在国内外得到普遍重视。目前，国外多采用基于下游控制模式的自控运行方式，开展灌区输配水系统的自控技术研究。利用中央自动监控（即遥测、遥讯、遥调）系统对大型供水渠道进行自动化管理。着重开展对供水系统的优化调度计划的研究，采用明渠非恒定流计算机模拟方法结合闸门运行规律编制系统运行的实时控制软件进行明渠灌水自动化管理。美国、澳大利亚等国已广泛使用热脉冲测定作物茎秆的液流和蒸腾，用于监测作物水分状态，并提出土壤墒情监测与预报的理论和方法，将空间信息技术和计算机模拟技术用于土壤墒情的监测。根据土壤和作物水分状态开展的实时灌溉预报的研究进展也很快，一些国家已提出几种具有代表性的节水灌溉预报模型。

第三节　　地面灌溉技术的改进与发展

一、土地精细平整技术

随着现代化规模农业的发展，由传统的地面灌溉技术向现代地面灌溉技术的转变是大势所趋。在高精度土地平整技术的基础上，采用水平畦田灌和波涌灌等先进的地面灌溉方法无疑是实现这一转变的重要标志之一。激光控制土地精细平整技术是目前世界上最先进的土地平整技术。国内外的应用结果表明，高精度的土地平整可使灌溉均匀度达到80%以上，田间灌水效率达到70%～80%，是改进地面灌溉质量的有效措施。随着计算机技术的发展，以地面灌溉实时反馈控制技术为基础，利用数学模型对地面灌溉全过程进行分析已成为研究地面灌溉性能的重要手段。应用地面灌溉控制参数反求法可有效地克服田间土壤性能的空间变异性，获得最佳的灌水控制参数，有效地提高地面灌溉技术的评价精度和制定地面灌溉实施方案的准确性。

二、畦灌技术

自20世纪60年代开始，农业科技研究人员在北方地区开展了畦灌技术的研究与推广工作。70年代，提出了小畦灌、长畦灌、分段灌和细流沟灌等多种改进后的畦灌技术，并在河北、河南、山东、陕西等省推广应用。

（一）小畦"三改"灌水技术

小畦"三改"灌水技术，包括长畦改短畦、宽畦改窄畦和大畦改小畦。其优点是节约水量、易于实现小定额灌水、灌水均匀和灌溉质量高。

小畦"三改"灌水技术由于畦田小，水流比较集中，易于控制水量；水流推进速度快，畦田不同位置持水时间接近，入渗比较均匀；能够防止畦田首部的深层渗漏，提高田间水的有效利用率；可防止灌区地下水位上升，预防土壤盐碱化发生，减轻土壤冲刷和土壤板结；减少土壤养分淋失，有利于保持土壤结构，保持土壤肥力，促进作物生长，增加产量。

在自流灌区，畦长以30～50m为宜，最长不超过80m，畦田宽度为2～3m。在机井和高扬程提水灌区，畦长以30m左右为宜，畦田宽度以1～2m为宜。地面坡度在1/400～1/1000范围时，单宽流量为0.12～0.27m³/min，灌水定额为300～675m³/hm²。

（二）长畦分段短灌灌水技术

从20世纪80年代初开始，我国北方干旱缺水地区开始采用长畦分段短灌灌水技术，即将一条长畦分成若干个没有横向畦埂的短畦，采用地面纵向输水沟或塑料薄壁软管将灌溉水输送到畦田,然后自上而下依次逐段向短畦内灌水,直至全部短畦灌完为止。长畦分段短灌灌水技术的畦宽以 5～10m 为宜,畦长可达 200m 以上,一般均在 100～400m,但其单宽流量并不增大。长畦分段短灌灌水技术可以实现灌水定额450m³/hm² 左右的低定额灌水,灌水均匀度、田间灌水储存率和田间灌水有效利用率均大于 80%～85%,与畦长相等的常规畦灌方法相比,可节水 40%～60%,可省去 1～2 级田间输水渠沟,节约土地。

(三)地膜覆盖膜上灌水技术

膜上灌水技术是 20 世纪 80 年代初期形成的一种地面灌溉新方法,它是在地膜栽培基础上创造和发展起来的一种行之有效的节水灌溉技术。可改善作物生长的微生物环境、增加土壤温度、减少作物棵间土壤蒸发和深层渗漏,有效提高土地资源利用率,提高产量。据观测,采用膜上灌可以使作物苗期地温平均提高 1～1.5℃,一般粮棉等大田作物可提前成熟 7～15d,辣椒可提前 20d 左右上市。与传统地面畦灌技术相比,可节水 30%～50%,最高可达 70%。据测定,膜上灌的施水面积(为局部湿润灌溉)一般仅为传统沟(畦)灌灌水面积(为全部湿润灌溉)的 2%～3%,灌水均匀,减少了深层渗漏水量。在同样条件下,单产皮棉较常规沟灌增产 5.12%,而且霜前花增加 15%;玉米产量较常规沟灌增产 51.8%。

三、垄作沟灌节水技术

垄作沟灌栽培改革创新了传统平作栽培技术,将作物种在垄上,沟内进行灌水和田间操作,实现了垄作技术、沟灌技术和地膜覆盖技术的有机结合。与传统平作栽培相比,一是改平作为垄作,扩大了土壤表面积,增加了光能利用率;二是改大水漫灌为小水沟内渗灌,提高了水分利用效率;三是改"施肥一大片"为"沟内集中施肥",提高了肥料利用率;四是改善了田间的通风透光,增强了作物的抗倒伏和抗病能力,最大限度地发挥作物的边行优势,是一项适合于干旱灌区大田作物的节水栽培技术。

国外许多国家从 20 世纪 40 年代起开展垄作沟灌栽培技术的研究,特别是美国、澳大利亚、墨西哥、印度、巴基斯坦、巴西、土耳其和伊朗等国家,在垄作栽培技术方面取得了显著进展,并形成了适宜当地的技术体系。目前,垄作沟灌栽培技术已从中耕作物发展到麦类作物,从旱地农业扩展到灌溉农业,实现了垄作沟灌技术与少免耕技术和秸秆覆盖技术相结合、垄作沟灌技术与喷灌和滴灌等节水灌溉技术相结合。墨西哥是世界上垄作沟灌栽培技术研究最成功的国家之一，在主要种植方式、灌水技术、施肥机械和施肥技术等方面取得了显著进展，研究提出了播后灌水技术、播前灌水技术、垄作喷灌和滴灌技术并研制除草和喷洒除草剂的机械，取得了显著的节水增产效果，并在当地得到大面积推广。印度和巴基斯坦等国家在垄作沟灌栽培技术研究中也取得了明显进展。研究结果表明，垄作沟灌栽培使夏玉米根干物质增加47%，增产54%，节水21%～42%，水分利用效率提高35%；使冬小麦根干物质增加25%，增产7%～10%，节水31%～43%，水分利用效率提高16%～32%，杂草减少31%～36%。

我国很早就有垄作甘薯、马铃薯等作物的栽培习惯。20世纪80年代以来陆续开展了水稻、玉米、油菜、大豆、棉花、花生等作物垄作沟灌栽培技术研究，均取得了良好的效果。垄作沟灌技术在蔬菜作物、水稻和玉米等粮食作物等方面的研究较多，起步较早的东北地区在垄作沟灌机械的研制及垄作沟灌标准化与规范化方面均取得了良好的进展，为垄作沟灌技术的研究与示范奠定了基础。垄作沟灌技术在小麦等密植作物上的研究起步较晚，山东、甘肃和宁夏等省区相继开展了垄作沟灌技术的研究工作，取得显著的节水增产效果。与平作栽培相比，采用垄作沟灌栽培技术，小麦可增产7.2%～14.9%，水分利用效率提高9.7%～24.3%；啤酒大麦可增产6.9%～15.5%，水分利用效率提高5.2%～15.4%；玉米可增产13.6%～27.3%，水分利用效率提高15.9%～32.4%；制种玉米可增产14.6%～25.3%，水分利用效率提高14.4%～4.2%。

在节水增产效果研究的基础上，国内对垄作沟灌栽培的土壤生态效应和作物生长发育等生态生理进行了研究。结果表明，垄作沟灌栽培改变了土壤表面结构，加厚了作物生长的熟土层，改善了耕层土壤理化性状，降低了容重，增加了土壤空隙度，为土壤微生物繁衍和作物根系生长创造了有利条件。垄作沟灌栽培具有明显的增温效应，0～25cm土壤温度日变化以16:00左右差异最为显著，春小麦拔节前平均土壤温度较平作栽培提高1.41℃，并随春小麦生长发育进程的推进，增温效应逐渐弱化。垄作沟灌栽培明显的增温效应、边际效应及土壤理化性质的变化影响了作物的生长。垄作沟灌栽培小麦旗叶叶绿素含量始终高于平作栽培，并随着生育进程的推进，后期的衰减速率明显低于平作，有利于延缓植株衰老，延长叶片功能期，延长籽粒灌浆时间，增加产量。任德昌等（2000）和马忠明等（2012）研究发现，垄作栽培使得小麦基部第一、第二节间分别比对照短1.86cm和0.67cm，茎粗分别增加了0.14mm和0.11mm，茎壁厚度两节都增加0.14mm，株高降低了7.4cm，增加了植株抗倒伏的能力。在小麦生长后期，由于田间通风透光性好，小麦抗病性显著增强。据调查，灌浆期纹枯病发病率垄作沟灌栽培较平作栽培降低了 32.4%。随着灌浆进程的推进，籽粒灌浆强度增大，垄作沟灌栽培籽粒灌浆较平作栽培提高 55.8%，小麦的穗粒数和千粒重显著高于平作栽培。

甘肃省农业科学院自 2002 年开始，通过节水增产效果和主效栽培因子效应的研究，对春小麦、啤酒大麦垄作沟灌技术开展了系统研究，确定了垄作沟灌主效栽培因子的适宜范围，并配套完善了单项栽培技术。与地膜覆盖技术的结合，创新提出了大田玉米和制种玉米及主要蔬菜和经济作物垄膜沟灌栽培技术。在肯定垄作沟灌节水增产效果的基础上，先后开展了垄作沟灌栽培方式下土壤水分运移规律、温度效应、土壤物理性状改良效应、作物生长及生理效应等方面的研究，探讨了垄作沟灌栽培技术的节水增产机理。在总结单项因子研究成果的基础上，通过垄宽、品种、密度、施肥和灌溉制度的集成研究，确定了垄作沟灌节水栽培技术体系，提出了春小麦垄作沟灌节水栽培技术、啤酒大麦垄作沟灌节水栽培技术、制种玉米垄膜沟灌节水栽培技术、玉米全膜覆盖垄膜沟灌节水栽培技术和玉米半膜覆盖垄膜沟灌节水栽培技术等技术规程，并作为地方标准由甘肃省质量技术监督局发布实施，获得"一种干旱灌区春小麦和啤酒大麦垄作沟灌节水栽培方法"国家发明专利。在引进小麦垄作播种机具的基础上，开展了麦类作物垄作播种机的研制与改装，先后研制出了三代 2BL-3 型麦类作物垄作播种机和二代 BFM-1 型玉米起垄覆膜机，并应用于垄作沟灌栽培技术的试验和示范中。

四、固定道保护性耕作技术

固定道保护性耕作技术（controlled-traffic conservation farming）是在保护性耕作中为了减少农机具在田间作业时对土壤造成的压实而设置的机械行走道路，实现种植带与机械作业带分离的一种新型保护性耕作技术。其基本特征是采用固定垄作和沟灌代替传统平作和大水漫灌，并将作物生长带和车轮行驶带永久分离，作物只种植在垄沟之间凸起的垄床上，拖拉机车轮则只在垄沟内行驶。它要求永久保持垄床形状，在下茬作物播种前，只对垄床进行少量修整，并通过机械或化学除草、免耕和秸秆覆盖，达到节水、减少耕作和管理作物残茬的目的。

澳大利亚、加拿大、美国、英国和德国等发达国家对固定道保护性耕作技术进行了系统的研究，固定道耕作法成为实现可持续发展的耕作方法之一，并得到广泛推广应用。加拿大西部三省 33%的耕地已经实行固定道耕作。截止到 2000 年，澳大利亚免耕播种面积占耕地面积的比例由 1996 年的 25%提高到 36%，传统耕作由 33%下降到 29%。1996~2000 年，澳大利亚 73%的农民从改变耕作方法中受益。在保护性耕作基础上，澳大利亚从 20 世纪 90 年代积极探索固定道耕作模式，目前已经推广 75 万 hm²。5 年的试验结果表明，固定道耕作可以明显改善土壤结构，减少土壤压实，增加土壤中有机质和蚯蚓数量。与传统耕作相比，稳定团粒结构由 31%提高到 49%，蚯蚓数量由每公顷 134 万条增加到 150 万条。加拿大 10 多年的试验数据表明，实施固定道保护性耕作可以提高土壤有机质 0.2 个百分点，同时明显减少土壤水蚀和风蚀，实现粮食增产 10%左右，并可减少农业机械作业次数，节约生产成本。据国外经验介绍，采用该项技术在维持产量不减的同时，可减少 30%灌溉用水，减少 30%抽水用电，减少 20%施肥量，减少耕作成本 450 元/hm²，其经济效益十分显著。

我国在固定道保护性耕作技术方面的研究起步较晚。中国农业大学在固定道平作保护性耕作技术方面的试验研究结果表明，固定道保护性耕作技术能改善土壤结构，减轻土壤径流强度，减少径流量，增加水分入渗，提高土壤中有机碳含量和作物可利用水量，同时能减少温室气体的释放和对地表、地下水的污染。固定道保护性耕作虽然固定道占用了 20%的土地，但是并未影响作物总产量。固定道保护性耕作技术改善了土壤与作物生长环境，更好地协调了小麦个体与群体的矛盾，最大限度地发挥了小麦的边行优势，使得个体健壮、穗大、粒重、粒多，一般增产 10%~15%。压实区作物根系密度比非压实区减小 52%，根系长度缩短 40%~50%。非压实区降水入渗率比压实区提高 91%，可节约作业能耗 50%。甘肃省农业科学院在固定道垄作保护性耕作技术方面做了多年的定位观测研究。研究结果表明，随着种植年限的增加，固定道保护性耕作对春小麦有增产效应。与传统耕作相比，春小麦产量提高 7.83%~9.38%，水分利用效率提高 47.83%~76.15%。并可显著提高土壤总有机碳和颗粒有机碳含量，土壤微生物量，碳、氮、磷含量，土壤过氧化氢酶、蔗糖酶和脲酶活性和表层土壤基础呼吸速率，对提高土壤肥力具有积极作用。

随着固定道保护性耕作技术的发展，世界各国也加快了相应农机具的研究。农机具的研究主要集中在单次作业起垄机和多行播种机等方面，这种播种机能在立茬和作物残茬很高的情况下作业。墨西哥、澳大利亚、印度等国研制的农机具能有效地提高生产效率并确保作物的播种和生长。目前，固定道保护性耕作农机具的研究已经从单次播种和起垄机具向喷药、除草和收获等多用途型农机具转变。各种新型高效农机具的成功研制，加速了固定道保护性耕作技术的推广应用。

五、小结

综上所述，水资源总量不足和利用效率不高制约着我国现代农业的发展，创新节水农业技术、发展高效节水农业是我国现代农业发展的必然选择。但在我国节水农业发展的过程中，注重单项技术研究、缺乏节水技术综合集成、各种农艺节水技术体系不完善、地面灌溉技术创新不足和微灌技术不普及等问题依然突出。创新单项节水农业技术、集成综合技术体系和改革地面灌溉技术是未来节水农业研究的重点。

第二章　春小麦固定道垄作沟灌节水栽培技术

固定道垄作沟灌节水栽培技术是以保护性耕作技术和垄作沟灌技术研究为基础，将保护性耕作技术、田间固定道技术、垄作技术和沟灌技术有机结合，研究集成提出的一项节水灌溉栽培新技术。该项技术可减少灌溉定额，降低生产成本，在保证小麦产量不减的同时，可有效提高水分利用效率，增加种植效益，具有节水、节能、节本增效和培肥土壤的效果。

第一节　种植模式与产量效应

一、种植模式及规格

固定道垄作沟灌节水栽培是在传统耕作的基础上，将农田耕地划分为农业机械行走带和作物种植带两部分。农业机械行走带是供农业机械作业行走的道路，田间作业的机具动力驱动轮和机具承载轮都在这一固定道路上行走。农业机械行走带相对固定，不种植作物，降低了机具在田间作业时的动力消耗和能源浪费，避免种植带土壤压实和结构破坏。同时也是作物的灌水沟。作物种植带没有农业机械作业压实，只进行免耕或少耕，作物种植和施肥均在种植带上进行。

采用固定道垄作沟灌节水栽培技术的栽培垄在播种前一年，由 15~22hp[①]拖拉机牵引起垄机完成。要求垄幅 100cm、垄宽 70cm、垄沟宽 30cm、垄高 20cm。之后垄面作为作物种植带，进行少免耕留茬，茬高 20cm，种植小麦和玉米等作物。垄沟固定为农业机械行走带，也是作物灌水沟，不进行耕翻。小麦和啤酒大麦等密播作物，每垄种植 5 行，行距 14cm，播深 3~5cm，采用 15~22hp 拖拉机牵引免耕播种机一次性完成播种、施肥和播后镇压作业。春小麦播种量 375~450kg/hm^2，啤酒大麦播种量 270~300kg/hm^2。固定道垄作沟灌节水栽培模式及规格如图 2-1 所示。

---

① hp：马力，1hp≈745.7W

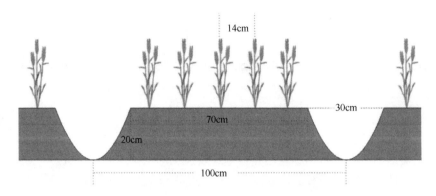

图 2-1　春小麦固定道垄作沟灌节水栽培技术种植模式示意图

二、春小麦产量及其构成

随种植年限增加，固定道垄作沟灌节水栽培技术种植的春小麦产量明显增加（图 2-2）。4 年固定道垄作沟灌栽培定位试验结果表明，与传统耕作（CT）相比，固定道垄作沟灌（PRB）处理能显著提高春小麦产量，在第一年试验中，固定道垄作沟灌产量小于传统耕作处理，减产 8.42%。从第二年开始，随着种植年限的增加，春小麦产量开始增加。与固定道平作（ZT）栽培相比，除第一年产量差异不显著外，随着种植年限的增加，春小麦产量增加。从 4 年平均产量结果（表 2-1）看，固定道垄作沟灌处理春小麦产量较传统耕作处理增加 9.50%，较固定道平作处理增加 7.83%。

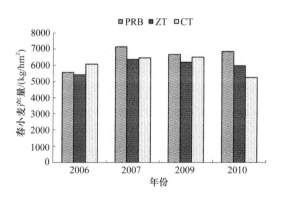

图 2-2　不同年份各处理春小麦产量的变化

表 2-1　固定道垄作沟灌节水栽培春小麦产量稳定性比较

处理	平均产量/（kg/hm²）	最高产量/（kg/hm²）	稳定性系数 SYI	变异系数 CV/%
PRB	6558.8	7132.2	0.82	10.39
ZT	6082.6	6520.3	0.84	9.52
CT	5989.6	6356.4	0.88	6.84

　　免耕高茬与低茬的穗粒数和千粒重明显高于对照，澳大利亚 Tullberg（1995）研究表明少耕、免耕和秸秆覆盖分别较对照增产 25%、30% 和 20%。在大多数情况下，秸秆还田使作物产量平均增加了 15.7%。分析 4 年定位试验中春小麦生长和产量构成要素变化（表 2-2），固定道垄作沟灌节水栽培技术可降低小麦株高，有利于提高小麦抗倒伏能力；在不影响其他产量性状的情况下可增加穗粒数，增加产量。垄作把土壤表面由平面型变为波浪型扩大土壤表面积，增加了光的截获量，有利于田间的通风透光，改善了田间小气候条件。

表 2-2　固定道垄作沟灌节水栽培春小麦生长和产量构成因素

处理	出苗率/%	株高/cm	主穗长/cm	穗粒数/（粒/穗）	穗粒重/g	千粒重/g
PRB	71.68a	70.55a	9.09a	35.40a	1.49a	40.46a
ZT	65.25a	74.21a	9.04a	34.54a	1.32ab	39.17a
CT	61.44b	82.99b	9.58a	31.99a	1.24ab	39.59a

注：同一列上的不同小写字母表示不同处理间在 5% 水平上的显著差异（LSD）

　　表 2-1 反映不同处理在所有种植年份中的产量稳定性，变异系数 CV 越大，说明稳定性越低，稳定性系数 SYI 值越大，则作物产量越稳定。比较各处理的 SYI，说明 CT 处理产量稳定性最高，PRB 处理产量稳定性最低。而与 CT 和 ZT 处理相比，PRB 处理小麦平均产量和最高产量均为最高，说明固定道垄作沟灌节水栽培能够有效提高春小麦生产力。由于初始年份固定道垄作沟灌节水栽培使春小麦产量降低，导致其产量稳定性降低。因此，对固定道垄作沟灌节水栽培产量的稳定性还需要继续监测和分析。

第二节　土壤温度变化与植株生长

一、不同生长阶段土壤温度的动态变化

　　土壤温度对土壤的水盐运移、作物生长发育、生物数量和活性、土壤碳平衡、

农田温室气体排放等具有明显影响。土壤温度对气温的响应受土壤类型、植被、耕作气候、海拔和纬度等因素影响很大。耕作行为通过对土壤的扰动或秸秆覆盖等改变了土壤地表状态，进而影响了土壤的热流状况，改变了土壤温度的变化规律。

　　为了进一步研究固定道栽培对土壤温度的影响，对春小麦不同生育时期测定的 0～15cm 土层深度土壤温度数据求平均值作为日平均温度，得到不同处理土壤日平均温度随生育时期的变化（图 2-3）。由图 2-3 可看出，0～15 cm 土层深度的日平均温度变化随着气温的升高而升高，在播种期和出苗期，由于固定道平作和固定道垄作沟灌秸秆覆盖和土壤水分较高，升温较传统耕作处理慢，播种期和出苗期，固定道垄作沟灌和固定道平作处理土壤温度分别比传统耕作处理低 0.33～0.50℃和 0.77～0.87℃。同时也可看出，固定道垄作沟灌处理升温速度较固定道平作处理快。春小麦拔节期至收获期 0～15cm 平均温度变化趋势为固定道垄作沟灌＞固定道平作＞传统耕作，春小麦拔节期至收获期固定道垄作沟灌处理分别较传统耕作处理升高 1.93℃、0.99℃和 3.67℃，固定道平作处理较传统耕作处理分别升高 1.35℃、0.19℃和 0.54℃。土壤日平均温度的提高，有利于根系的生长，使根系数量和根长增加，有利于吸收养分和水分及形成高产。

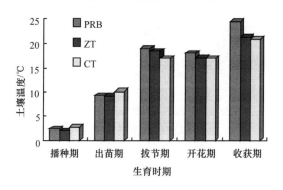

图 2-3　春小麦不同生育阶段 0～15cm 土壤日平均温度的变化

　　土壤温度变化是土壤随着太阳辐射和大气温度的变化而吸收或释放能量的过程。随着土壤深度的增加，土壤温度的波动受太阳辐射的影响逐渐减小，变化比较稳定。图 2-4 是春小麦全生育期不同处理 5cm 和 15cm 土层深度的温度动态变化。从中可看出，5cm 土层深度的温度和 15cm 土层深度的温度有相似的规律，但 15cm 土壤温度变化较 5cm 土壤温度变化平稳。固定道垄作沟灌温度高于固定道平作和传统耕作处理,固定道平作和传统耕作处理差别不大。无论是传统耕作还是固定道耕作,随着气温的逐渐升高,土壤温度也逐渐升高,固定道平作和固定道垄作沟灌处理5cm土壤平均温度分别较传统耕作处理提高0.86℃和0.50℃,固定道垄作沟灌处理15cm土壤平均温度较传统耕作处理提高0.3℃,固定道平作处理15cm土壤平均温度较传统耕作处理降低0.07℃。

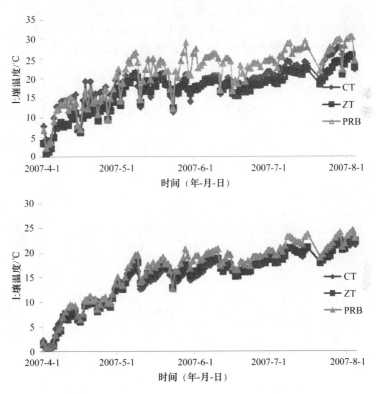

图2-4　春小麦全生育期各处理5cm（上图）和15cm（下图）土壤温度变化（另见彩图）

二、不同生长阶段土壤温度的日变化

5cm土层土壤温度随气温的变化均呈正弦函数变化（图2-5）,5cm土壤最低温度和最高温度出现在08:00和17:00。4月中旬处于小麦苗期至三叶期,在中午12:00之前三个处理之间温度差异不大,12:00以后5cm土层温度变化趋势为固定道垄作沟灌＞传统耕作＞固定道平作,固定道垄作沟灌和传统耕作处理土壤温度明显高于固定道平作，但固定道垄作沟灌和传统耕作处理两者之间的差异不大。由于土壤表面春小麦覆盖度较小，传统耕作处理未覆草，日最高温度明显高于固定道平作处理，日最低温度最低，固定道垄作沟灌处理日最高温度和最低温度均最高。5 月中旬，传统耕作、固定道平作和固定道垄作沟灌处理的最高温度分别为 25.46℃、25.47℃和 34.36℃，最低温度分别为 16.22℃、18.01℃和 18.10℃。固定道垄作沟灌处理最高温度和最低温度分别比传统耕作和固定道平作处理高 8.90℃和 8.89℃及 1.88℃和 0.09℃。6 月中旬和 7 月中旬 10:00 后内固定道垄作沟灌平均温度始终高于传统耕作和固定道平作处理，各处理之间的温度差异明显大于苗期至三叶期。由于传统耕作处理地表裸露，吸收阳光热量多，升温快，从而使处理间差异逐渐变大，12:00～18:00 传统耕作处理土壤温度大于固定道平作处理，18:00 以后土壤温度回落，土壤温度小于固定道平作处理。

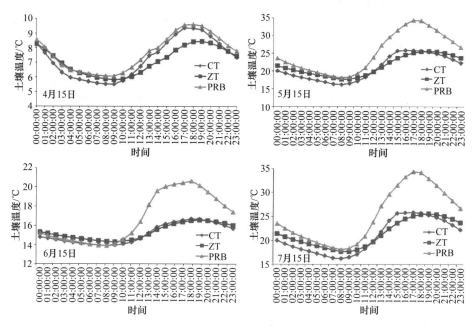

图 2-5　春小麦不同生长阶段各处理 5cm 土壤温度日变化

图 2-6 为春小麦不同生长阶段 15cm 土层土壤温度的日变化。从中可以看出，土壤温度在 15cm 土层随气温的变化呈余弦函数变化，15cm 土壤温度最低温度和最高温度出现在 10:00 和 19:00。由于 4 月份春小麦覆盖地面积较小，传统耕作处理温度明显高于固定道平作处理，但是固定道垄作沟灌处理垄作把土壤表

面由平面型变为波浪型扩大土壤表面积，增加了光的截获量，有利于田间的通风透光，从而使土壤温度升高，因此整个生育时期土壤温度最高。随着土层深度的变化，深层土壤受外界干扰较小，固定道垄作沟灌处理增温效果更明显，全天温度明显高于固定道平作和传统耕作处理。5 月中旬传统耕作、固定道平作和固定道垄作沟灌处理的最高温度分别为 23.32℃、23.96℃和 28.34℃，最低温度分别为 18.32℃、18.53℃和 19.61℃，固定道垄作沟灌处理最高温度和最低温度分别比传统耕作和固定道平作处理高 5.02℃和 4.38℃和 1.29℃和 1.08℃。

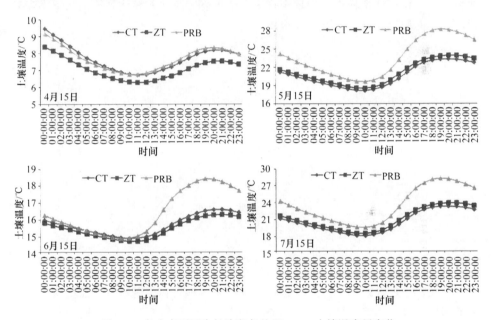

图 2-6　春小麦不同生长阶段各处理 15cm 土壤温度日变化

随着气温的升高，固定道垄作沟灌处理较其他处理显著增加了土壤昼夜温差，由于秸秆覆盖，4 月中旬固定道平作处理减小了土壤昼夜温差。可见，固定道平作土壤温度效应是降低昼夜温差，缩小土壤温度日变化幅度，而固定道垄作沟灌则相反，增加了昼夜温差，增大了土壤温度日变化幅度。固定道平作处理的降温效应较固定道垄作沟灌明显，表现为日最高温度大幅下降而最低温度与其他处理无明显差异。固定道垄作沟灌处理的升温效应表现为日最高温度上升快，在春小麦生长期表现为增温效应。

三、不同阶段春小麦生长动态

　　叶片是植物光合作用的主要器官，叶面积的大小影响光合产物的积累和产量的形成。图 2-7 显示，小麦叶面积随植株生长逐渐增大，在开花期达到最大值，随后逐渐减小。其中采用固定道垄作沟灌和固定道平作方法种植的小麦单株叶面积较传统耕作明显增加。自小麦三叶期起，固定道垄作沟灌处理和固定道平作处理单株叶面积与传统耕作差异逐渐增大，至小麦开花期差异达到最大值，小麦灌浆后，叶面积逐渐减小，差异变得不显著。

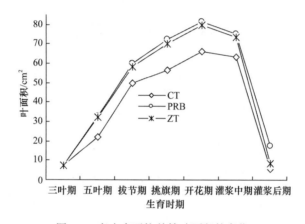

图 2-7　春小麦平均单株叶面积的变化

　　叶面积指数是指单位面积上作物叶片一侧面积之和，也称为叶面积系数。固定道垄作沟灌节水栽培可延长叶片的功能期，有利于后期灌浆，可增加产量。由图 2-8 看出，三种种植方法的小麦灌浆后期叶面积指数与灌浆期相比，传统耕作处理叶面积指数减小幅度最大，减少了 91.1%，固定道垄作沟灌处理叶面积指数减小幅度最小，减少了 76.4%，此时固定道垄作沟灌的叶面积指数最大，有效延长了籽粒灌浆时间。

　　固定道垄作沟灌节水栽培的小麦平均单株干物质重高于固定道平作和传统耕作（图 2-9），并且此方法种植的小麦其生长后期茎秆、叶鞘和叶片的干物质比例下降，穗部的分配率增加。固定道垄作沟灌种植处理干物质积累量大，主要原因是固定道垄作沟灌种植处理小麦茎秆粗壮，前期生长良好，充足的土壤水分给作物提供了良好的生长环境，较高的叶面积促进小麦的生长发育和干物质积累。

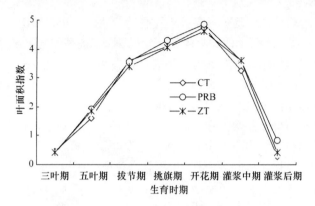

图 2-8 春小麦平均叶面积指数的变化

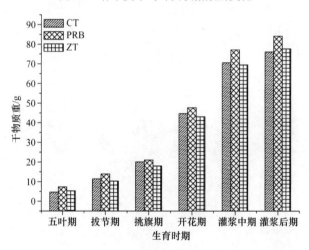

图 2-9 春小麦平均单株干物质的变化

第三节 土壤水分变化与节水效果

一、土壤水分的动态变化

（一）土壤含水量的变化特征

水分在土壤中的运动和入渗，受到各种力的作用，同时土壤含水量、土壤空隙通道以及土壤表层覆盖物的不同而导致水分以不同方向和不同速度的运动，使土壤水分从不均匀趋向于均匀。将固定道作为灌水道，可以减缓水分向下运动趋势，增加水分向固定道两侧即作物生长区域的侧渗，提高作物对水分的有效利用。而水分进入土壤后的重新分布又与土壤表层的覆盖条件密切相关。

　　从 0～100cm 土层土壤含水量动态变化（图 2-10）看出，传统耕作、固定道平作、固定道垄作沟灌三个处理 0～100cm 平均土壤水分含量在春小麦的整个生育过程中都呈逐渐降低趋势。在 3 月中下旬播种时，土壤正在解冻，水分由土壤深层向地表运动被释放出来，土壤含水量出现峰值。第一次灌水前，小麦处于出苗至三叶阶段，蒸散量较小，各处理土壤含水量变化缓慢，均保持较高的含水量。第二次灌水前，小麦处于拔节至孕穗阶段，蒸散量增加，各处理土壤含水量变化幅度较大，达到全生育期第一个土壤含水量低谷。第三次灌水前，春小麦处于抽穗至灌浆阶段，是春小麦全生育期需水高峰期，此时出现第二个土壤含水量低谷。收获后，外界环境温度较高，土面蒸发量急剧上升，水分损失较快，出现第三个土壤含水量低谷。

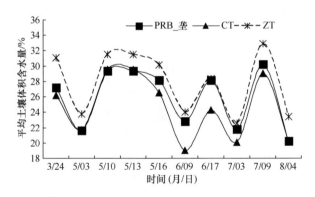

图 2-10　春小麦全生育期不同处理 0～100cm 平均土壤体积含水量变化

　　在整个春小麦生育期，0～100cm 平均土壤体积含水量变化为固定道平作＞固定道垄作沟灌＞传统耕作。与传统耕作相比，每次灌水前固定道垄作沟灌处理土壤含水量都高于其他处理。主要原因可能在于，覆盖秸秆有效防止了土面蒸发，多年免耕降低了土壤容重，秸秆还田提高了土壤有机碳，改善了团粒结构的功能，增强了固定道耕作的土壤持水能力。传统耕作大水漫灌供水强度大，相应增大了水分的蒸发量和下渗损耗，降低了灌溉水有效利用。同时相对较差的表层土壤结构降低了土壤的蓄水功能，因而在春小麦全生育期内，0～100cm 平均土壤含水量相对最低。

　　100～200cm 土层水分动态（图 2-11）表明，各处理 100～200cm 土层水分含量变化不大，仅是在第三次灌水后，对深层含水量有影响。固定道平作处理的含水量最高，固定道垄作沟灌处理次之。

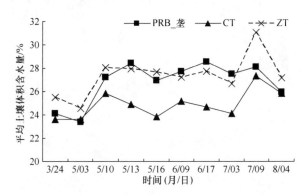

图 2-11　春小麦全生育期不同处理 100～200cm 平均土壤体积含水量变化

（二）土壤储水量的变化特征

　　图 2-12 为各处理春小麦全生育期土壤不同层次最大有效储水量分布。从中可以看出，0～20cm 和 20～60cm 土层土壤有效储水量变化幅度较大。其中 0～20cm 土层受外界环境因素和灌水影响，灌水前后土壤储水量变化较大。20～60cm 土层土壤储水量随上层灌水渗漏和蒸腾蒸发耗水交替变化，整个生长季土壤水分变化波动较大。60～100cm 土层土壤储水量前期变化较小，后期受灌水影响变化较大。从春小麦生长阶段来看，固定道平作和固定道垄作沟灌处理 0～20cm、20～60cm 土层均保持较高的土壤储水量，苗期至三叶期可以忍耐一定程度的土壤干旱。拔节至抽穗期和抽穗至灌浆期，春小麦根系伸长，60～100cm 土壤储水量稳定，能满足春小麦对水分的需求，促进春小麦生长。

　　从图 2-12 中进一步比较分析同一层次各处理土壤水分的变化规律发现，0～20cm 和 20～60cm 土层深度同层次各处理土壤储水量变化趋势一致。相较于传统耕作，固定道垄作沟灌和固定道平作处理在春小麦全生育期内都能提高土壤储水量，尤其是在灌溉后能相对有效地吸收灌溉水分，减少水分无效损失。在 60～100cm 土层深度范围内，深层土壤受外界气象因素（温度、光照、降雨等）影响较小，但受灌水量影响较大。固定道垄作沟灌处理抽穗前灌水量均低于传统耕作

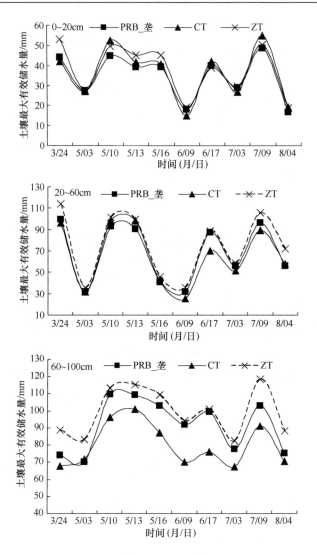

图 2-12　不同处理各土壤层次最大有效储水量变化

和固定道平作处理，随着水分损耗，垄床土层有效储水逐渐降低。抽穗到灌浆后期，固定道垄作沟灌和固定道平作处理垄床土层有效储水显著高于传统耕作处理，说明固定道模式具有较高的固持土壤水分的能力。传统耕作和固定道平作采用大水漫灌形式，因灌水渗漏而引起深层土壤含水量变化起伏。

二、土壤水分耗散特征

（一）棵间蒸发量的变化特征

作物棵间蒸发量的变化与地表覆盖物、微地形构成、灌水、降水和作物生育进程有很大的关系。图 2-13 是春小麦全生育阶段各处理间蒸发变化示意图，图中红线表示灌溉补水（3 次），黑线表示自然降水（8 次）。可知全生育期各处理棵间蒸发规律变化趋势基本一致。在春小麦苗期，各处理日均棵间蒸发量均处于低水平，传统耕作、固定道平作、固定道垄作沟灌_垄（PRB_垄）和固定道垄作沟灌_沟（PRB_沟）日平均棵间蒸发分别为 1.39mm/d、1.35mm/d、1.04mm/d 和 1.39mm/d。三叶期后，各处理日均棵间蒸发逐渐增大。拔节期至抽穗期，棵间蒸发量随降水和灌水发生波动较大，CT、ZT、PRB_垄和 PRB_沟日平均棵间蒸发分别为 2.97mm/d、2.52mm/d、2.07mm/d 和 2.83mm/d。春小麦抽穗至灌浆后期，各处理日均棵间蒸发量随降水变化起伏，整体呈降低趋势。第三次灌水一周以内，各处理日棵间蒸发较高。春小麦成熟期各处理日平均棵间蒸发均保持较低水平。

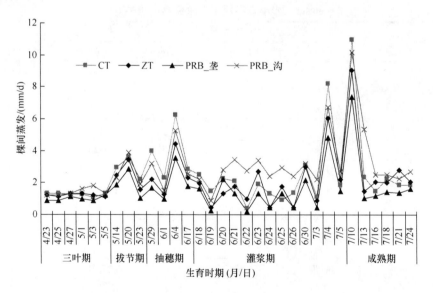

图 2-13　春小麦全生育期各处理棵间蒸发变化过程

通过对比发现高留茬处理对棵间蒸发量的变化有明显影响。固定道垄作沟灌处理和固定道平作处理在前季作物收获时作高留茬处理，且秸秆全部覆盖于作物生长带和垄沟。随后的整个生育期内固定道垄作沟灌_垄棵间蒸发量都最小，并且固定道平作和固定道垄作沟灌_沟在抽穗前也均保持着相对较小的棵间蒸发量。说明高留茬和秸秆覆盖能有效抑制棵间蒸发。

垄作对于棵间蒸发量也存在一定影响，通过固定道垄作沟灌垄面和垄沟棵间蒸发量的变化可以看到，沟垄地形改变降低垄面的棵间蒸发，但对垄沟棵间蒸发有促进作用。春小麦拔节后，麦苗封垄，降低了垄床的棵间蒸发，而垄沟棵间蒸发明显较高。但垄面和垄沟的平均棵间蒸发均低于其他处理。由于温度、降水和灌溉作用，影响了大气蒸发能力，对棵间蒸发有明显影响，导致棵间蒸发呈"峰""谷"交替变化趋势。

（二）土壤耗水量的变化特征

春小麦生长期耗水量主要由棵间蒸发量（E）和叶面蒸腾量（T）组成，且在不同生长阶段，其构成比例不同。如表 2-3 所示，三叶期至拔节期，传统耕作处理 E 和 T 比例约 2∶1，固定道平作和固定道垄作沟灌处理约为 1∶1，说明免耕

表 2-3　春小麦不同生育阶段蒸散量的变化

三叶期至拔节期				
处理	P/mm	ET/mm	E/mm	T/mm	E/ET/%
固定道垄作	8.6	106.91	55.58	51.33	51.99
固定道平作	8.6	131.12	69.70	61.42	53.16
传统耕作	8.6	124.24	80.71	43.53	64.96
拔节期至抽穗期				
处理	P/mm	ET/mm	E/mm	T/mm	E/ET/%
固定道垄作	11.7	175.91	55.28	120.63	31.42
固定道平作	11.7	198.08	65.64	132.43	33.14
传统耕作	11.7	219.75	78.37	141.38	35.66
抽穗期至灌浆期				
处理	P/mm	ET/mm	E/mm	T/mm	E/ET/%
固定道垄作	33.70	232.47	56.87	175.61	24.46
固定道平作	33.70	279.14	75.08	204.06	26.90
传统耕作	33.70	282.87	83.88	198.99	29.65

和秸秆覆盖有效减少了土壤棵间蒸发。拔节期至抽穗期，随着植株生长和叶面积增大，叶面蒸腾量增加，各处理 E 与 T 的比例均约为 $1:2$，说明此阶段主要以叶面蒸腾耗水为主。抽穗期至灌浆期，各处理 E 与 T 的比例在 $1:3$ 和 $1:2$ 之间变化，叶面蒸腾作用仍起主导作用。各处理 E 占阶段耗水量的比例固定道垄作沟灌处理最低，固定道平作处理次之，传统耕作处理最高。

春小麦全生育期耗水量统计显示（图 2-14），固定道垄作沟灌处理耗水量明显低于固定道平作和传统耕作处理。与传统耕作处理相比，三叶期至拔节期固定道垄作沟灌和固定道平作处理阶段耗水量分别降低 13.95% 和 5.54%，拔节期至抽穗期分别降低 19.95% 和 9.86%，抽穗期至灌浆期分别降低 17.82% 和 1.32%，耗水量最大差异出现在拔节期至抽穗期。说明起垄可减少春小麦耗水量，各生育阶段固定道垄作沟灌处理春小麦耗水量明显低于固定道平作处理。

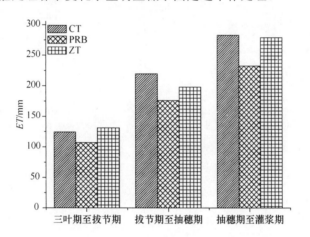

图 2-14　春小麦不同生育阶段耗水量的变化

三、水分再分布与灌溉质量

（一）不同灌水时期土壤水分侧渗特征

土壤水分侧渗情况的测定方法为：自垄中心（测点 1）起至垄边（测点 3）每隔 10cm 取一点，共取 3 个测点，垄沟中间取一个测定点（测点 4），分别取 0～10cm、10～20cm、20～40cm、40～60cm、60～80cm、80～100cm、100～120cm、120～160cm、160～200cm 的土样测定土壤含水量，以此分析不同灌水时期土壤水分侧渗变化规律。

图 2-15 为春小麦播种前、第一次灌水前、第一次灌水后 3d、第一次灌水后 6d、第二次灌水前、第二次灌水后、第三次灌水前、第三次灌水后、收获后全生育期 PRB 处理垄床（测点 1、测点 2、测点 3）和垄沟（测点 4）土壤水分垂直动态变化图。从中可以看到,固定道垄作沟灌处理水分主要在 0~100cm 土层变化。播前土壤水分初始状态测点 1 到测点 4 基本一致, 在 60~80cm 处存在冻层土

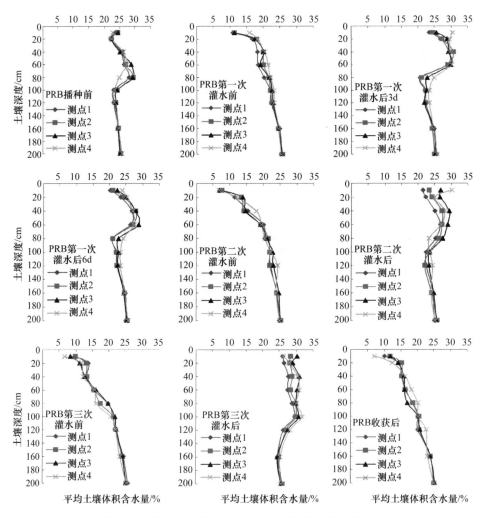

图 2-15　不同灌水时期 PRB 处理不同位置土壤水分变化

壤，含水量较高。每次灌水前，各测点土壤含水量均下降，但垄床含水量要略高于垄沟。每次灌水后，垄床测点 1 到测点 3 含水量增加明显，且在 40～60cm 处明显形成含水量峰。相比而言，垄沟（测点 4）也在 40～60cm 处形成含水量峰。

（二）不同生育阶段的灌水质量检测

结合对作物适宜灌水量和亏缺指标的研究，采用地面灌溉 SIRMOD 模型模拟，对不同处理灌溉水的推进和入渗、灌水均匀度和深层渗漏量进行评价。SIRMOD 模型已被广泛应用在灌溉模拟上，并取得了良好的效果，可减少深层渗漏，提高水分利用率。SIRMOD 模型由两部分组成，一是入渗模型 infil v5，它是以水量平衡法 Kostiakov-Lewis 方程为基础，即在一定的灌水速度下，根据水流推进的距离和时间，只要两组以上的数据即可得出土壤入渗参数。第二部分是模拟模型，根据参数可以运用地面灌水模型进行模拟，同时还可调整参数，使之与第一次记录的水流推进尽可能相符，使深层渗漏的水量最小。如图 2-16 所示，Z_{req} 线以上部分为计划灌水区，检验地尾灌水是否满足计划层要求取决于右下角（未渗到的根层灌区）的多少，只有当深层渗漏量最小，趋近于零，同时未渗到的根层灌区量最小时，才是理想的灌水，这就是 SIRMOD 模型所要做的。

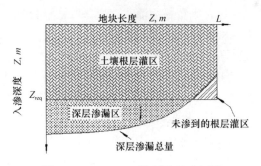

图 2-16　SIRMOD 模型原理示意图

固定道垄作沟灌、固定道平作、传统耕作处理整个生育时期灌水次数和日期如表 2-4 所示。根据灌水指标分别按不同计划层深度计算灌水量，此时灌水量为理论灌水量，由于受灌水速度等限制因子的影响，实际灌水量总是大于理论灌水量，3 个处理依次是 331.61mm、458.85mm 和 478.92mm，分别超出理论灌水量 16.01mm、58.22mm 和 68.17mm。

表 2-4　生育期各处理模拟灌水与实际灌水基本情况

处理	日期（月/日）	计划深度/cm	理论灌水量/mm	实际灌水量/mm	模拟灌水速度/（m³/min）	模拟渗漏/mm	实际灌水速度/（m³/min）	实际渗漏/mm
PRB	4/23	40	59.24	75.81	3.83	7.56	2.90	16.57
	5/23	40	58.57	58.64	1.47	0	1.47	0
	6/12	60	84.90	84.47	1.25	0	1.25	0
	7/5	80	112.89	112.69	1.14	0	1.14	0
ZT	4/21	40	56.55	101.81	5.17	14.27	2.90	45.26
	5/7	40	56.80	68.27	3.55	5.24	2.90	11.47
	5/29	60	84.77	85.42	2.23	0	2.23	0
	6/18	60	88.61	87.77	2.15	0	2.15	0
	7/5	80	113.90	115.58	1.97	0	1.97	0
CT	4/12	40	57.10	112.53	5.44	14.32	2.90	55.43
	5/7	40	58.80	71.88	3.74	6.65	2.90	13.08
	5/29	60	84.74	84.20	2.35	0	2.35	0
	6/18	60	89.19	89.74	2.39	0	2.39	0
	7/5	80	120.92	120.57	2.33	0	2.33	0

生育期每次灌水时均用 SIRMOD 模型模拟计算后再进行灌溉。若模拟速度超出渠系提供最大灌水速度，则用最大灌水速度进行浇灌处理。固定道垄作沟灌处理第一次模拟速度为 3.83m³/min，比传统耕作处理和固定道平作处理模拟速度小29.6% 和25.9%，而且以后几次的模拟速度更小，渠系完全能够满足其要求。在整个生育期，固定道垄作沟灌处理不仅需要的灌水速度不大，且其保水能力比其他处理要好，较其他处理少灌水 1 次。传统耕作处理前两次灌水需要的灌水速度分别为 5.44m³/min 和 3.74m³/min，模拟渗漏量为 14.32mm 和 6.65mm，用最大灌水速度灌溉，发生实际渗漏达到 55.43mm 和13.08mm。之后模拟速度均小于 2.9m³/min，渠系能够满足其要求，均未再发生渗漏。根据 SIRMOD 模型的模拟结果，各处理渗漏量大小依次是传统耕作＞固定道平作＞固定道垄作沟灌。

图 2-17 至图 2-19 分别是各处理第一次灌水前后，地头、地中、地尾 0～100cm土壤含水量变化情况，灌水前地头、地中、地尾土壤含水量均一致，故灌水前只用一条曲线表示。由图 2-17 看出，传统耕作处理地头 70cm 以上土壤含水量均大于灌水前，60cm 处土壤含水量比灌水前增加了 2.14%，70cm 处土壤含水量比灌水前增加1.86%，可以肯定地头水分入渗已达到 70cm。地中 40cm 和 50cm 处土壤含水量

分别比灌水前增加 3.98%和 0.79%，在地中水分入渗超过了 40cm。地尾 30cm 和 40cm 处土壤含水量分别比灌水前增加 6.78%和 1.54%，地尾水分入渗达到了 40cm。

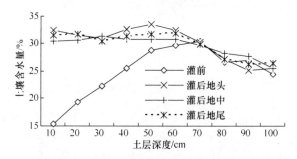

图 2-17　灌水前后传统耕作土壤含水量的变化

由图 2-18 看出，固定道垄作沟灌地头、地中、地尾 50cm 以上土壤含水量分别比灌水前增加了 2.35%、1.64%和 2.17%，60cm 处与灌水前相比无明显变化，说明水分入渗超过了 50cm 未达到 60cm，入渗深度相差不大，且三线相互交织，灌水均匀度最高。

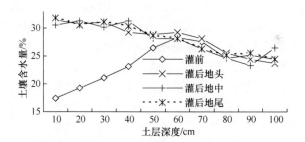

图 2-18　灌水前后固定道垄作沟灌土壤含水量的变化

由图 2-19 看出，固定道平作处理地头 60cm 以上土壤含水量远大于灌水前，70cm 却小于灌水前，因此水分入渗超过了 60cm，未达到 70cm。地中 40cm 和 50cm 处土壤含水量分别比灌水前增加了 3.09%和 1.90%，在地中水分入渗也超过了 40cm，50cm 土层深有部分渗漏，地尾 30cm 和 40cm 处土壤含水量分别比灌水前增加了 4.64%和 1.15%，地尾水分入渗超过了 30cm 达到了 40cm。地头、地中、地尾三条土壤含水量线 60cm 以上变化趋势非常清晰，20～60cm 土壤含水量地头与地中、地尾的土壤含水量差异较大，地头与地尾的各层土壤含水量之差均大于地头与地中之差。地头入渗较深，含水量最高，地中次之，地尾最浅。

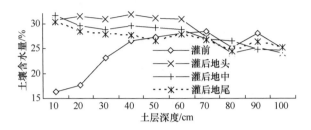

图 2-19 灌水前后固定道平作土壤含水量的变化

灌水后 48h 对 3 个处理不同土层土壤含水量的测定发现,传统耕作处理地头入渗最深,地头、地尾入渗深度相差最大,各层含水量之差小于固定道平作;固定道平作处理入渗深度之差次之,沟灌入渗深度差小于漫灌,且各层水分分布也较均匀。固定道垄作沟灌处理入渗深度相差不大,灌水均匀度最好。

(三)灌水入渗后土壤水分的再分布

研究沟灌水分入渗完毕后土壤水分再分布的过程,将这时的水分剖面可以分为 4 个区(潘英华和康绍忠,2000):稳定蒸发区、释水区、吸水区和含水量稳定区。入渗结束,垄床表面土壤含水量达到饱和,随着生育期进行,表层土壤进入稳定蒸发阶段,与此同时,近饱和土壤开始释水,在重力和土壤水势梯度的作用下继续向土壤深层移动,含水率减小,处于脱湿状态,形成释水区,而释水区以下到入渗湿润锋面之间的土层含水量仍在增加,处于吸湿状态,成为吸水区,湿润锋以下的土壤含水率稳定不变。随着再分布时间的延续,释水区不断加深,湿润锋也逐渐下移,但下移的速度缓慢,再分布的速率逐渐减小。

图 2-20 分别为固定道垄作沟灌、固定道平作和传统耕作处理三次灌水后的再分布过程图。从中可看出,虽然灌水时间不同,但同一种处理灌水后的再分布过程相似。固定道垄作沟灌处理 0~20cm 的土层在灌水后 72h 仍然保持较高的含水量,随后 144h 和 216h,表层土壤水分通过土面蒸发向上损失水分,形成稳定蒸发区。20~60cm 土壤水分不断向下运动,含水量呈缓慢减小趋势,处于脱湿状态,属于释水区。60~100cm 土层含水量随时间呈逐步增加趋势,处于吸水区。固定道平作处理表层土壤水分始终最高,随着灌水时间增长,土壤水分不断向下运动,当灌水 140h 后,土壤水分通过土面蒸发和作物吸水向上损失水分,土壤水分形成蒸发区。传统耕作处理 40~80cm 土层水分明显高于其他土层,随着灌水时间增长,湿润锋逐渐下移,整个过程中 0~20cm 土层表现明显的蒸发状态,其他土层横向和纵向表现出下渗状态。这也可能是传统耕作处理保水性差的原

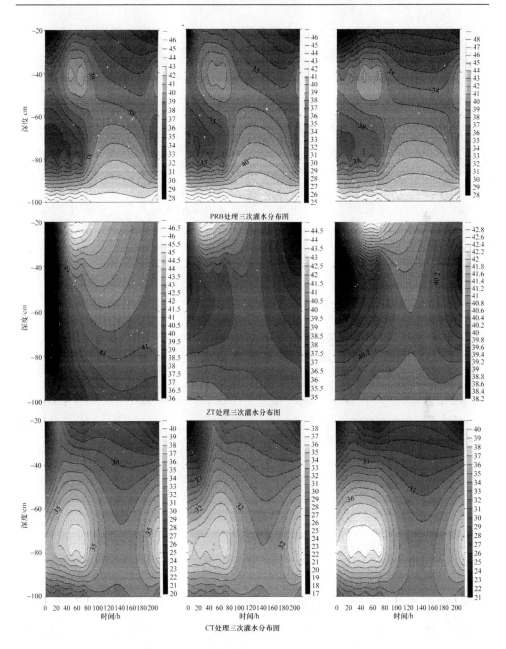

图 2-20　不同处理三次灌水前后土壤水分再分布变化

因。总体看来，在灌溉结束后，稳定蒸发区、释水区和吸湿区的范围处于不断变化中，随着再分布时间的延续，释水区不断加深，湿润锋也逐渐下移。

四、节水效果分析

综合分析不同年份、不同耕作处理下小麦产量、耗水量和生育期灌溉定额等指标，再对各生育时期计划层土壤含水量进行控制灌溉，当平均土壤含水量低于田间持水量的 60% 时则进行灌水，以此确定不同处理的灌水定额。从全生育期的灌溉定额来看（表 2-5），固定道垄作沟灌节水栽培具有明显的节水效果。在相同土壤水分下限的控制范围内，不同年份固定道垄作沟灌处理小麦全生育期的灌溉定额明显低于传统耕作和固定道平作处理，4 年平均灌溉定额分别较传统耕作和固定道平作处理降低 127.1mm 和 67.0mm，分别节约灌溉用水 31.73% 和 19.68%。同时，不同年份固定道垄作沟灌处理小麦全生育期的耗水量也明显低于传统耕作和固定道平作处理，4 年平均耗水量分别较传统耕作和固定道平作处理降低 126.2mm 和 67.7mm，分别节水 25.20% 和 15.31%。

表 2-5　不同年份固定道垄作沟灌节水栽培对春小麦水分利用效率的影响

年份	处理	降雨量/mm	灌水量/mm	产量/（kg/hm²）	耗水量/mm	水分利用效率/[kg/（hm²·mm）]
2006	PRB		408.6	5575.9ab	475.4	11.73
	ZT	64.5	511.4	5420.3b	578.1	9.38
	CT		532.8	6088.6a	598.2	10.18
2007	PRB		220.8	7132.2a	387.0	18.43
	ZT	159.4	271.8	6356.4b	437.0	14.55
	CT		418.7	6458.9b	580.2	11.13
2009	PRB		286.3	6680.3a	356.3	18.75
	ZT	67.4	337.7	6200.3a	410.6	15.10
	CT		396.37	6520.3a	468.5	13.92
2010	PRB		178.5	6846.8a	279.2	24.52
	ZT	95.5	241.3	5981.4ab	343.0	17.44
	CT		254.5	5262.5b	356.0	14.78
平均值	PRB		273.5	6558.8	374.5	18.36
	ZT	96.7	340.5	5989.6	442.2	14.12
	CT		400.6	6082.6	500.7	12.50

注：同列中不同小写字母表示差异达到显著水平，$P < 0.05$

作物水分利用效率（water use efficiency，WUE）指作物消耗单位水量所生产的同化物的量，是反映农业生产中作物能量转化效率、评价作物生长适宜度的综合生理指标。产量水平上的 WUE 最接近生产实际，是节水农业追求的目标之一，也是目前研究最多的一个层次。4 年的研究结果（表 2-5）表明，不同年份固定道垄作沟灌处理的水分利用效率明显高于传统耕作和固定道平作处理，而且随着产量效应的增加，水分利用效率明显增加，分别较传统耕作和固定道平作处理增加 1.55～9.74 个百分点和 2.35～7.08 个百分点；4 年水分利用效率平均分别较传统耕作和固定道平作处理增加 5.86 个百分点和 4.24 个百分点，节水效果较明显。

第四节　主要栽培技术

一、选地、整地、起垄与修垄

（一）选地与整地

选择坡降小于 1‰、灌水方便、地面平整、耕层深厚、肥力较高和保水保肥的地块。起垄前一年进行精细整地，要求地平、土绵、墒足，地面无土块和竖立草根。并做到浅耕、耙、耱、镇压连续作业，以减少土壤水分散失。

（二）起垄与修垄

在第一年播种前，用 15～22kW 拖拉机牵引起垄机完成，要求垄幅 100cm、垄宽 65cm、垄沟宽 35cm、垄高 20cm。在以后的作物播种前，如发现有垄体坍塌情况，可用 15～22kW 小四轮拖拉机牵引起垄机进行修垄，以保证翌年田间灌水顺畅。

二、品种选择与播种

（一）品种选择

春小麦选用陇辐 2 号、陇春 26 号、宁春 39 号等叶片披散、边行优势强、分蘖成穗率高、矮秆抗倒伏的大穗多粒品种。

（二）种子处理

播种前选择籽粒饱满的良种，晒种 1～2d，以提高种子发芽力和生长势。如需拌种，参照表 2-6 病虫害防治方法。啤酒大麦也可用专用包衣剂将种子进行包衣处理。

（三）播种

在 3 月中、下旬，当 20cm 土层昼消夜冻时，即可播种。春小麦播种量 375～450kg/hm²。采用 15～22kW 拖拉机牵引免耕播种机一次性完成播种、施肥和播后镇压作业。在播种过程中避免泥土堵塞播种机的种子出口，以保证播种质量和均匀度。种植规格为每垄种植 5 行，行距 14cm，播深 3～5cm。

三、施肥量与施肥方法

第一年起垄前人工均匀撒施，随起垄翻埋于垄体中。以后由固定道免耕播种机在播种时播入。施肥量为化肥 N 180～225kg/hm²、P_2O_5 135～168kg/hm²。

四、灌溉定额与灌水时间

冬灌在 10 月下旬底或 11 月初进行，灌水定额 975～1200m³/hm²。全生育期灌水 2400～3150m³/hm²，灌水 3～4 次。三叶期灌头水，灌水定额 675～750m³/hm²；挑旗期灌二水，灌水定额 825～900m³/hm²；抽穗后 20d 灌三水，灌水定额 900～975m³/hm²；如遇到干旱年份或土壤持水力差时，可于扬花期灌三水，抽穗后 25d 灌四水，灌水定额分别为 750～825m³/hm² 和 600～675m³/hm²。灌水时，小水慢灌，灌沟不漫垄。

五、田间管理

（一）杂草防除

在三叶期后拔节期前，用 2,4-D 丁酯 375ml/hm² 兑水 600～750kg 喷雾防治阔叶杂草，在野燕麦 3～4 叶期，结合灌头水，用 40%燕麦枯 3000～3750ml/hm² 兑水 675～750kg 叶面喷雾进行防除。收获后 20d，用百草枯 20%水剂 1125～3000ml/hm² 兑水 375kg，或草甘膦 10%水剂 15～22.5kg/hm² 兑水 300～450kg 喷雾，防除田间杂草。

（二）病虫害防治

春小麦主要病害是锈病、全蚀病，主要虫害是蚜虫、金针虫、吸浆虫。啤酒大麦主要病害是条纹病，主要虫害是金针虫。防治方法具体见表2-6。

表 2-6　春小麦固定道垄作沟灌节水栽培主要病虫害防治方法

病虫害名称	防治指标（适期）	防治药剂及使用剂量	使用方法
锈病	发病初期	25%粉锈宁 525g/hm²，兑水 750kg	叶面喷雾
全蚀病	播种前	25%敌力脱 0.2kg 兑水 2kg 或 25%丙环唑乳油 0.2kg 兑水 2kg，拌种 100kg	拌种
蚜虫	危害初期	50%抗蚜威 120g/hm²，兑水 450kg	喷雾
金针虫	播种前	40%的甲基异柳磷 200ml，兑水 2kg 拌种 100kg	拌种
吸浆虫	5 月底或 6 月上旬虫害发生前	40%氧化乐果乳油 1500ml/hm²，兑水 300kg	喷雾

第三章　春小麦垄作沟灌节水栽培技术

春小麦垄作沟灌节水栽培技术改平作为垄作，将作物种在垄上，沟内进行灌水和田间操作，扩大了土壤表面积，增加了光能利用率；改大水漫灌为小水沟内渗灌，提高了水分利用效率；改一大片施肥为沟内集中施肥，提高了肥料利用率；改善了田间的通风透光，增强了作物的抗倒伏和抗病能力，最大限度地发挥作物的边行优势，具有明显的节水增产效果。

第一节　种植模式与产量效应

一、种植模式及规格

春小麦垄作沟灌节水栽培技术采用四轮拖拉机牵引麦类作物垄作播种机一次完成起垄和播种作业。起垄要求垄幅75cm、垄面宽45cm、垄沟宽30cm、垄高20cm。播种有两种模式，第一种模式采用 2BL-4 麦类作物垄作播种机在垄上播 4 行小麦，行距 15cm，播深 3～5cm；第二种模式采用 2BL-6 麦类作物垄作播种机在垄上播 4 行小麦，行距 15cm，同时在沟内播 1 行小麦，播深 3～5cm。对分蘖能力强的品种可选择第一种模式，对分蘖能力弱、靠主茎成穗的品种宜选择第二种模式。春小麦垄作沟灌节水栽培模式及规格见图 3-1。

二、春小麦的产量效应

（一）春小麦的增产效果

在垄作沟灌和平作两种栽培方式下，春小麦的产量均随灌溉定额的增加而提高（表 3-1）。但在不同的栽培方式下，灌溉定额对春小麦产量的影响不同（表 3-2）。在垄作沟灌栽培方式下，当灌溉定额从 210mm 增加到 360mm 时，春小麦产量持续增加，并且不同灌溉定额条件下的春小麦产量差异极显著，当灌溉定额超过360mm 继续增大到 435mm 时，尽管春小麦产量仍呈增加趋势，但与灌溉定额

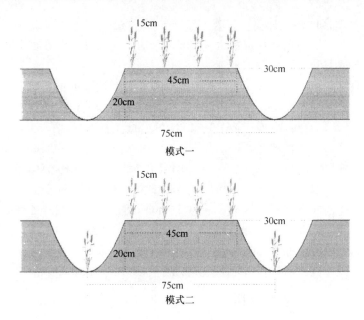

图 3-1　春小麦垄作沟灌节水栽培技术种植模式示意图

表 3-1　不同栽培方式和灌溉定额春小麦产量结果两向表（单位：kg/hm²）

栽培方式	灌溉定额				主处理总和	主处理均值
	210mm	285mm	360mm	435mm		
垄作沟灌	14 345.1	18 374.93	20 625.45	21 082.05	74 427.53	6 202.29
平作	10 631.1	14 261.7	18 306.6	19 667.85	62 867.25	5 238.94
副处理总和	24 976.2	32 636.63	38 932.05	40 749.9	137 294.78	
副处理均值	4 162.7	5 439.44	6 488.68	6 791.65		

表 3-2　垄作沟灌和平作栽培条件下春小麦的产量对比

灌溉定额/mm	产量/（kg/hm²）		与 ck 相比增减/（kg/hm²）	与 ck 相比增减幅度/%
	垄作	平作（ck）		
210	4782.0cC	3543.0dC	1239.0	34.97
285	6124.5bB	4753.5cB	1371.0	28.84
360	6874.5aA	6102.0bA	772.5	12.66
435	7027.5aA	6766.5aA	261.0	3.86

注：同列中不同小写字母表示差异达到显著水平，$P<0.05$；大写字母表示差异达到极显著水平，$P<0.01$

360mm 时产量之间的差异不再显著。在平作栽培方式下，当灌溉定额增加时，春小麦产量持续增加，在灌溉定额达 435mm 时的产量最高，并且在不同灌溉定额条件下的产量差异均达显著水平。

对比两种栽培方式发现，垄作沟灌栽培方式具有明显的增产效果，与平作栽培之间的产量差异极显著。在相同灌溉定额下，春小麦垄作沟灌栽培的产量均高于平作，与平作栽培相比，增产 261.0～1371.0kg/hm²（表 3-2），增产幅度达 3.86%～34.97%。增产幅度随灌溉定额的增加而降低，在高灌溉定额 435mm 下的增产幅度最小，为 3.86%；在低灌溉定额 210mm 下的增产幅度最大，达 34.97%。说明春小麦垄作沟灌栽培的增产效应随灌溉定额的降低而增强，在低灌溉定额条件下增产效应大于高灌溉定额。灌溉定额为 360mm 的垄作沟灌栽培处理的产量略高于灌溉定额为 435mm 的平作栽培处理，灌溉定额为 285mm 的垄作沟灌栽培处理产量也略高于灌溉定额为 360mm 的平作栽培处理，表明春小麦垄作沟灌栽培后降低灌溉定额可取得与平作栽培高定额灌溉下相同的产量水平。

（二）春小麦产量要素的构成

进一步分析不同处理的产量构成要素（表 3-3），结果表明，春小麦垄作沟灌栽培田间成穗数低于对照平作栽培，主要是由垄沟的存在使实际播种面积相对减少造成的。但垄作沟灌栽培使春小麦的个体发育条件更加优化，在不同灌溉定额条件下，春小麦在垄作沟灌栽培条件下的穗粒数均显著高于平作栽培，当灌溉定额在 210～360mm 范围内变化时，春小麦在垄作沟灌栽培条件下的千粒重显著高于平作栽培，当灌溉定额增大到 360mm 时，垄作沟灌栽培条件下春小麦的千粒重虽然仍高于平作栽培，但二者之间的产量差异不再显著。春小麦在垄作沟灌栽培条件下千粒重和穗粒数的增加，弥补了产量要素中成穗数偏低的不足，提高了产量，是垄作沟灌春小麦增产的主要原因。

表 3-3　栽培方式和灌溉定额对春小麦产量构成要素的影响

灌溉定额/mm	成穗数/（万穗/hm²）		穗粒数/粒		千粒重/g	
	垄作	平作	垄作	平作	垄作	平作
210	526.8	603.5	24.14cB	17.54cC	43.43cB	40.12dC
285	533.3	621.2	29.23bA	21.21bB	44.92bAB	42.47cB
360	561.5	621.6	30.31abA	25.98aA	46.55aA	44.08bA
435	571.7	640.1	32.05aA	26.56aA	44.98bAB	45.25aA

注：同列中不同小写字母表示差异达到显著水平，$P<0.05$；大写字母表示差异达到极显著水平，$P<0.01$

（三）垄作沟灌栽培的边行效应

采用垄作沟灌栽培技术后，田间通风透光得到改善，再加上垄作的增温效应，使作物个体发育条件更加优化，表现出很强的边行优势。测定结果（表 3-4）表明：垄作沟灌处理春小麦边行穗粒数、千粒重均高于中行。与中行相比，穗粒数增加 1.6 粒，增幅 4.03%；千粒重增加 1.91g，增幅 3.71%。垄作沟灌春小麦边行和中行平均穗粒数和千粒重均高于平作处理，与平作相比，分别增加 3.8 粒和 2.52g，增幅分别为 10.35% 和 5.05%，表现出十分明显的边行优势，使垄作沟灌春小麦穗粒数和千粒重均高于平作栽培，是促使垄作沟灌春小麦增产的主要原因。

表 3-4　春小麦垄作沟灌栽培千粒重及穗粒数比较

处理	垄作			平作（ck）	与 ck 比增减（±）	与 ck 比增减幅度/%
	边行	中行	平均			
穗粒数/（粒/穗）	41.3	39.7	40.5	36.7	3.8	10.35
千粒重/g	53.33	51.42	52.38	49.86	2.52	5.05

第二节　土壤微生境变化与植株生长

一、根层土壤温度的变化

垄作栽培使土壤表面由平面型改变为波浪型，扩大了土壤表面积，有利于吸收太阳辐射，增加土壤对光能的截获量，提高耕层土壤温度，有利于作物生长发育。春小麦采用垄作沟灌栽培技术后，对土壤温度产生明显的影响。从春小麦播种后连续 17d 土壤温度测定结果可以看出（图 3-2），垄作沟灌栽培后 5～10cm 土层日均温度均高于平作，最高较平作提高 2.15℃，最低较平作提高 0.65℃，平均较平作提高 1.41℃。从 5 月份测定的土壤温度日变化来看（图 3-3），从 8:00 到 20:00，垄作沟灌栽培 5～25cm 土层土壤温度高于平作，并随着气温的升高，土壤温度的差异逐渐增大，至 16:00 左右，差异达最大值 1.73℃，之后随气温的下降土壤温度差异减小。

二、根际土壤物理性状的变化

土壤坚实度测定结果（图 3-4a）表明，在 0～40cm 土层中，相同深度土层垄

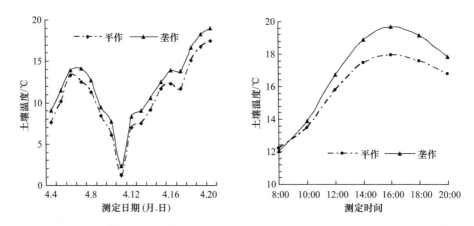

图 3-2　不同栽培方式 5～10cm 土层土壤温度变化　图 3-3　5 月份 5～25cm 土壤温度日变化

作沟灌处理的土壤坚实度明显低于平作。平作处理在 20～25cm 土层中坚实度值达最高值，接近 2000kPa，垄作沟灌处理在 0～40 cm 土层中，坚实度呈现上升趋势，在接近 40cm 土层时达最高值 1700kPa，接近平作处理。垄作沟灌栽培土壤容重均低于平作（图 3-4b），0～10cm 土层较平作降低 1.20%，10～20cm 土层较平作降低 3.55%，0～20cm 土层平均较平作降低 2.52%。上述结果表明，垄作沟灌栽培方式下 0～40cm 土层土壤较同层平作处理要疏松。0～40cm 土层也是春小麦、啤酒大麦、制种玉米等作物根系分布的主要层次，疏松的土壤有利于形成良好的生长环境和疏松的垄床，促进作物根系下扎和灌溉水的侧渗，增强作物对土壤水分和养分的转化和利用。

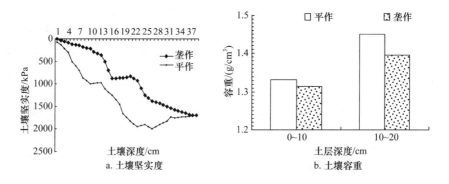

图 3-4　不同栽培方式对土壤坚实度和容重的影响

三、根系生长动态

垄作沟灌栽培促进了春小麦根系的发育，0～100cm 土层内根长明显大于平作（表 3-5）。在 0～20cm、20～50cm 和 50～100cm 土层中，根长分别比平作增加 2107.6～2307.0cm、1073.2～1130.0cm 和 1203.2～1513.2cm。根长的增加，增强了春小麦对深层土壤水分和养分的吸收利用，弱化土壤水分亏缺对春小麦生长的胁迫作用，有利于提高春小麦产量及水分利用效率。

表 3-5 不同栽培条件下春小麦收获后根系长度在土层中的分布

层次/cm	垄作根长/cm		平作根长/cm		垄作根长所占比例/%		平作根长所占比例/%	
	灌溉定额		灌溉定额		灌溉定额		灌溉定额	
	225mm	300mm	225mm	300mm	225mm	300mm	225mm	300mm
0～20	7 482.6	7 989.6	5 375.0	5 682.6	0.44	0.47	0.43	0.47
20～50	5 316.5	4 964.7	4 186.5	3 891.5	0.31	0.29	0.33	0.32
50～100	4 254.6	4 057.0	3 051.4	2 543.8	0.25	0.24	0.24	0.21
0～100	17 053.7	17 011.3	12 612.9	12 117.9	1	1	1	1

四、叶面积系数变化和干物质积累

在相同灌溉定额水平下，垄作沟灌春小麦在不同生长阶段的叶面积系数均大于平作（表 3-6），平均比平作增加 0.22～1.16。在不同生长阶段，垄作沟灌栽培春小麦地上部分干物质积累量均高于平作栽培（图 3-5），从三叶期到成熟期，20 株春小麦地上部分干物质量较平作增加 0.35～6.92g。

表 3-6 垄作沟灌和平作栽培春小麦叶面积系数的变化

处理	灌溉定额量/mm	三叶期	拔节期	孕穗期	灌浆期
垄作沟灌	225	1.80	2.99	3.44	2.82
	300	1.67	4.37	5.08	4.72
平作	225	1.32	2.15	3.03	2.49
	300	1.37	4.15	4.34	3.56

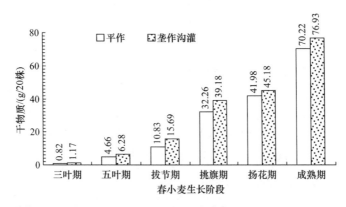

图 3-5　垄作沟灌栽培春小麦不同生长阶段干物质积累量的变化

五、株高和灌浆速率变化

垄作沟灌栽培能够降低春小麦株高（表 3-7），与平作栽培相比，株高降低 6.30cm。株高降低现象主要表现在第一节间和第二节间缩短，与平作栽培相比，垄作沟灌栽培春小麦第一节间、第二节间分别缩短 2.82cm 和 3.18cm。同时，与平作栽培相比，垄作沟灌栽培基部茎粗（直径）增加 12.90%，茎壁厚度增加 7.14%。以上因素共同增强了春小麦的抗倒伏能力，尤其在大风天气较多的河西地区，抗倒伏能力的增强对春小麦高产稳产将产生十分重要的积极影响。

表 3-7　不同栽培条件下春小麦株高及茎节发育对比

处理	节间长度/cm				株高/cm	茎粗/mm	茎壁厚度/mm
	第一节	第二节	第三节	第四节			
垄作沟灌	6.11	10.58	20.66	32.92	70.27	3.5	0.60
平作	8.93	13.76	20.76	33.12	76.57	3.1	0.56

垄作沟灌栽培对春小麦灌浆速率具有明显的影响。由图 3-6 可以看出，不同栽培方式下春小麦花后强、弱势粒干物质的积累动态曲线都呈"S"形，均可用 Richards 方程 $W=A (1+Be^{-kt})^{-1/N}$（式中因变量 W 为每次测得的千粒重，自变量 t 为开花后天数，为参数）较好地拟合，决定系数达到 0.99 以上，经 F 检验均达到极显著水平，不同处理籽粒灌浆的 Richards 方程参数见表 3-8，从中可以看出，春小麦在垄作沟灌和平作两种栽培方式下强势粒终极生长量（A）均大于弱势粒，说明强势粒粒重潜力大于弱势粒，但栽培方式不同终极生长量明显不同，无论是

强势粒还是弱势粒，春小麦在垄作沟灌栽培方式下的终极生长量均高于平作栽培，栽培方式对籽粒干物质的积累及平均灌浆速率（*GR*）均有明显影响，在整个灌浆结实期，垄作沟灌栽培方式强弱势粒积累量变化趋势都大于平作栽培，平均灌浆速率也大于平作栽培。由此表明：垄作沟灌栽培方式有利于加快春小麦的灌浆速率，其籽粒粒重潜力也较平作栽培有所增强。

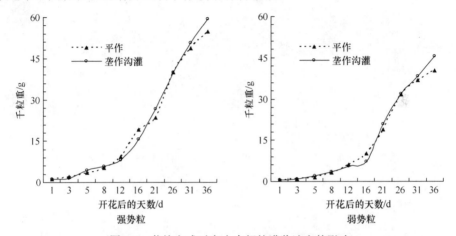

图 3-6　栽培方式对春小麦籽粒灌浆速率的影响

表 3-8　不同栽培方式下春小麦籽粒灌浆的 Richards 方程参数值

粒位	处理	*A*	*B*	*K*	*N*	*R2*	*R0*	T_{max}	W_{max}	G_{max}	*GR*
强势粒	平作	64.42	13.00	0.13	0.69	0.994	0.19	22.33	30.08	2.35	1.52
	垄作	70.26	19.32	0.14	0.76	0.999	0.18	23.57	33.37	2.61	1.67
弱势粒	平作	40.56	1615.57	0.30	1.92	0.999	0.16	22.60	23.20	2.37	1.07
	垄作	48.11	85.03	0.20	0.97	0.994	0.20	22.86	23.93	2.37	1.27

注：方程中 *A* 为终极生长量；$R0=K/N$，为灌浆起始势；$T_{max}=(\ln B-\ln N)/K$，为灌浆速率最大时的时期；$W_{max}=A(N+1)^{-1/N}$，为灌浆速率最大时的生长量；$G_{max}=(KW_{max}/N)[(1-W_{max}/A)^N]$，为最大灌浆速率；*GR* 代表平均灌浆速率；*R2* 代表决定系数

第三节　土壤水分运移与节水效果

一、田间土壤水分变化规律

分析比较垄作沟灌栽培春小麦不同阶段田间土壤水分的变化可以看出，在三叶期（图 3-7a），春小麦灌头水前，田间土壤水分的变化不受灌水量的影响，栽

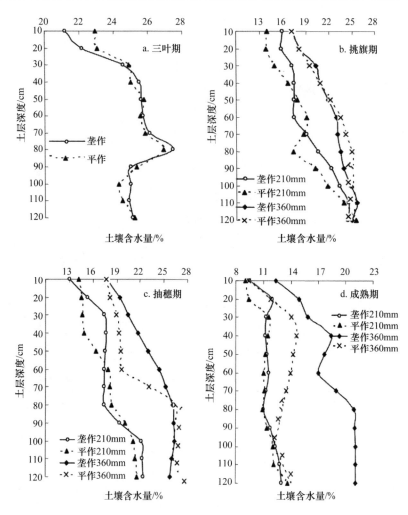

图 3-7　春小麦不同阶段田间土壤水分的变化

培方式对田间土壤水分消耗的影响较大。垄作栽培春小麦由于前期没有封垄，田间郁闭度小于平作栽培，再加上起垄加大了土壤表面积，蒸发量大于平作栽培，0～10cm 土层土壤含水量比平作栽培低 1.81%，拔节后，由于垄作栽培的增温效应，春小麦生长加快，10～30cm 土层含水量也低于平作栽培，但二者差异随土层加深逐渐缩小。进入挑旗阶段（图3-7b），春小麦已封垄，与平作栽培相比，田间郁闭度无明显差异，在低灌溉量水平（灌溉定额为 210mm），垄作栽培方式 0～40cm

土层土壤含水量均高于平作栽培，40cm 以下土层土壤含水量无明显差异。在高灌溉量水平（灌溉定额为 360mm），两种栽培方式土壤含水量差异不显著，在抽穗期（图 3-7c），垄作条件下 0～60cm 土层土壤含水量均高于平作。成熟时（图 3-7d），低灌溉量水平，垄作条件下 0～30cm 土层土壤含水量高于平作，两种栽培方式 30cm 以下土层土壤含水量差异不明显。在高灌溉量水平下，垄作条件下 0～120cm 土层土壤含水量均高于平作。说明高灌溉定额下，采用垄作栽培，仍有大量水分贮存于土壤中。

二、灌水质量的检测

（一）第一次灌水质量检测

图 3-8 为第一次灌水前后，地头、地中、地尾 0～100cm 土壤含水量变化情况。由图 3-8 看出，灌水前地头、地中、地尾土壤含水量均一致，只用一条曲线表示。灌水后平作地头 70cm 以上土壤含水量均大于灌水前，60cm 和 70cm 处土壤含水量比灌水前分别增加了 2.14% 和 1.86%，说明地头水分入渗已超过了 60cm；平作地中 40cm 和 50cm 处土壤含水量分别比灌水前增加 3.98% 和 0.79%，说明地中土壤水分入渗超过了 40cm；平作地尾 30cm 和 40cm 深土壤含水量分别比灌水前增加 6.78% 和 1.54%，说明地尾水分入渗应该达到了 40cm。垄作沟灌地头、地中、地尾 60cm 以上土壤含水量均大于灌水前，而 70cm 深土壤含水量与灌水前相比无明显变化，40cm 以上土壤灌水均匀度高。

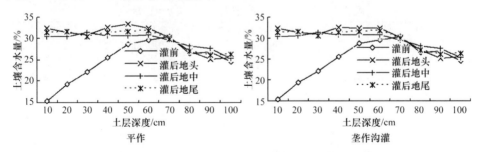

图 3-8　第一次灌水前后不同土层土壤含水量的变化

灌水后 48h 对不同土层土壤含水量的测定发现，平作地头灌溉水入渗最深，地头、地尾入渗深度相差最大，垄作沟灌入渗深度差相对小于平作，且各层水分分布也较均匀，说明第一次灌水质量好。

（二）第二次灌水质量检测

图 3-9 为第二次灌水前后，地头、地中、地尾 0～100cm 土壤含水量情况。从图中可以看出，平作地头、地中、地尾 40cm 以上土壤含水量比灌前明显增大。地头 50cm 深土壤含水量增幅远大于地中和地尾，地头水分入渗超过了 50cm，地中、地尾 50cm 以下水分入渗很少。与第一次灌水相比，入渗深度减小，均匀度增加，灌水质量明显好于第一次。垄作沟灌灌后与灌前土壤含水量相交在 50cm 处，灌后土壤含水量曲线交织在一起，说明地头、地中、地尾水分入渗很均匀。

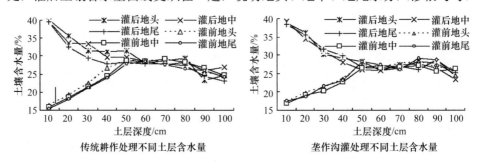

图 3-9　第二次灌水前后不同土层土壤含水量的变化

三、田间灌水的深层渗漏

垄作沟灌和平作整个生育期灌水次数和灌水时间如表 3-9 所示。根据土壤水

表 3-9　春小麦生育期模拟灌水与实际灌水参数

处理	日期（月/日）	计划深度/cm	理论灌水量/mm	实际灌水量/mm	模拟灌水速度/（m³/min）	模拟深层渗漏/mm	实际灌水速度/（m³/min）	实际深层渗漏/mm
平作	4/12	40	57.1	112.53	5.44	14.32	2.9	55.43
	5/7	40	58.8	71.88	3.74	6.65	2.9	13.08
	5/29	60	84.74	84.2	2.35	0	2.35	0
	6/18	60	89.19	89.74	2.39	0	2.39	0
	7/5	80	120.92	120.57	2.33	0	2.33	0
垄作沟灌	4/15	40	57.31	103.46	5.04	10.64	2.9	46.15
	5/7	40	59.24	67.62	3.21	3.72	2.9	8.38
	5/22	40	56.9	58.52	1.97	0	1.97	0
	6/5	60	84.6	86.02	1.49	0	1.49	0
	6/29	80	114.59	115.65	1.37	0	1.37	0

分下限分别按不同计划层深度计算灌水量，得到理论灌水量。由于受灌水速度等因子的影响，实际灌水量总是大于理论灌水量。平作和垄作沟灌实际灌水量分别为 478.92mm 和 431.27mm，分别超出理论灌水量 68.17mm 和 58.63mm。

每次灌水均用 SIRMOD 模型模拟，然后进行灌溉。若模拟速度超出渠系的最大灌水速度，则用最大灌水速度进行灌水。垄作沟灌第一次模拟速度为 $5.04m^3/min$，比平作模拟速度小 7.4%，而且以后几次的模拟速度更小，渠系完全能够满足其要求。平作前 2 次灌水需要的灌水速度分别为 $5.44m^3/min$ 和 $3.74m^3/min$，模拟渗漏量分别为 14.32mm 和 6.65mm，用最大灌水速度灌溉，发生实际渗漏达到 55.43mm 和 13.08mm。垄作沟灌前 2 次灌水需要的灌水速度分别为 $5.04m^3/min$ 和 $3.21m^3/min$，模拟渗漏量分别为 10.64mm 和 3.72mm，用最大灌水速度灌溉，发生实际渗漏达到 46.15mm 和 8.38mm。之后模拟速度均小于 $2.9m^3/min$，渠系能够满足其要求，均未再发生渗漏。根据 SIRMOD 模型的模拟结果，平作渗漏量大于垄作沟灌。

灌溉水进地流量范围在 $102.55\sim135.42m^3/h$ 的条件下，用 V-noch 灌水槽结合 Odyssey 自动水位记录仪对垄作和平作两种栽培条件下春小麦灌头水时的灌溉水用量进行监测。结果（图 3-10）表明，在平作栽培条件下，按照传统的灌溉量和漫灌方式灌头水，灌溉水的实际用量比理论亏缺量增加 $1183.3m^3/hm^2$，按漫灌方式灌溉头水，灌溉水的实际用量比理论亏缺量增加 $852.6m^3/hm^2$，而在垄作沟灌栽培条件下，灌溉水的实际用量比理论亏缺量增加 $14.0m^3/hm^2$。与平作栽培方式相

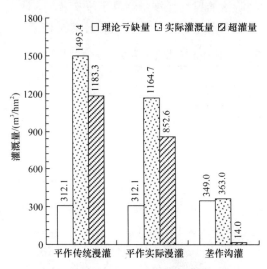

图 3-10　不同栽培方式对头水灌溉量的影响

比，减少灌溉水用量 801.7m^3/hm^2。由于灌溉方式不同，两种栽培方式下完成田间
灌溉过程所需的灌溉水用量差异很大。采用平作漫灌方式，完成头水灌溉所需水量
远高于春小麦田间的实际需水量，大幅度降低了灌溉水的利用效率，造成了灌溉水
的严重浪费。而采用垄作沟灌方式，减少了深层渗漏，提高了灌溉水的利用效率。

四、节水效果分析

从表 3-10 看出，在不同栽培方式及灌溉定额下，春小麦生育期日均耗水量均
呈规律性变化，即在播种至三叶生长阶段最低；进入三叶至挑旗阶段耗水强度明
显增加；在挑旗至抽穗阶段，春小麦进入耗水高峰期，日均耗水量相对较高；在
抽穗至灌浆中期阶段，春小麦日均耗水量开始回落。栽培方式对春小麦日均耗水
量无明显影响，在播种至三叶期，春小麦在垄作沟灌栽培方式下的日均耗水量高
于平作栽培，与平作相比增加 0.03～0.05mm/d；在三叶至挑旗和抽穗至灌浆中
期阶段，在低灌溉定额（225mm）条件下，春小麦在垄作沟灌栽培方式下的日
均耗水量高于平作栽培，分别比平作高 0.18mm/d 和 0.14mm/d，而在高灌溉定额
（375mm）条件下的日均耗水量低于平作栽培，分别比平作低 0.09mm/d 和 1.28mm/d；
在灌浆中期至成熟阶段，在低灌溉定额（225mm）条件下，春小麦在垄作沟灌栽
培方式下的日均耗水量低于平作栽培，比平作低 0.75mm/d；在高灌溉定额（375mm）
条件下，挑旗至抽穗阶段的日均耗水量略高于平作栽培，比平作高 0.27mm/d；灌
浆中期至成熟阶段的日均耗水量低于平作栽培，与平作栽培相比降低 1.36mm/d。

表 3-10　不同栽培模式下春小麦生育期日均耗水量比较

栽培方式	灌溉定额/mm	春小麦不同生育期日均耗水量/（mm/d）				
		播种至三叶	三叶至挑旗	挑旗至抽穗	抽穗至灌浆中期	灌浆中期至成熟
垄作	225	0.53	5.81	7.07	5.18	2.59
平作		0.50	5.63	6.47	5.04	3.34
垄作	375	0.58	7.59	9.29	5.36	3.13
平作		0.53	7.68	9.02	6.64	4.49

在垄作沟灌和平作两种栽培方式下，随着灌溉定额的增加，春小麦水分利
用效率均呈先增大后变小的变化趋势（表 3-11）。垄作沟灌栽培春小麦水分利用
效率在 15.1～18.3kg/（hm^2·mm）范围内变化，最高为 18.3kg/（hm^2·mm）；平作栽
培春小麦水分利用效率在 13.8～15.8kg/（hm^2·mm）范围内变化。但在相同的灌溉

定额下，春小麦垄作沟灌栽培后水分利用效率均高于平作栽培，与平作栽培相比，水分利用效率提高 1.3～3.9kg/（hm²·mm），增幅达 9.42%～27.34%。同时，与平作栽培灌水 435mm 相比，垄作沟灌栽培灌水 360mm 产量增加 290.2kg/hm²，水分利用效率提高 3.9kg/（hm²·mm），节水98mm。综上所述，春小麦采用垄作沟灌栽培后，节水效果显著。

表 3-11　栽培方式对春小麦水分利用效率的影响

灌溉定额/ mm	产量/（kg/hm²）		生育期耗水量/mm		水分利用效率/[kg/（hm²·mm）]	
	垄作	平作	垄作	平作	垄作	平作
210	4844.6	3662.3	274.1	265.5	17.7	13.9
285	6183.8	5016.0	338.4	348.1	18.3	14.4
360	7393.5	6702.0	417.9	423.9	17.7	15.8
435	7026.0	7103.3	465.0	515.9	15.1	13.8

第四节　主效栽培措施优化与配套

一、适宜灌溉定额与灌水时期

垄作沟灌栽培条件下，增加灌溉定额可显著提高春小麦产量水平（表 3-12）。当灌溉定额从 150mm 增大到 300mm 时，春小麦产量显著增加。当灌溉定额达 300mm 时，春小麦成穗数、穗粒数及千粒重均达最高水平，分别比灌溉定额 375mm、225mm 和 150mm 增产 959.8kg/hm²、409.5kg/hm² 和 790.1kg/hm²，增幅分别为 20.27%、7.75% 和 16.11%。当灌溉定额超过 300mm 继续增大时，春小麦成穗数、穗粒数和千粒重均呈下降趋势，产量水平降低。

表 3-12　灌溉定额对垄作沟灌栽培春小麦产量和水分利用效率的影响

灌溉定额/ mm	成穗数/ （万穗/hm²）	穗粒数/ （粒/穗）	千粒重/g	产量/ （kg/hm²）	水分利用效率/ [kg/（hm²·mm）]
150	390.29ab	33.46c	45.95a	4903.6c	13.65a
225	391.40ab	36.25ab	46.87a	5284.2b	12.60b
300	406.79a	36.84a	47.45a	5693.7a	12.90ab
375	362.59b	34.64bc	47.08a	4733.9c	9.45c

注：同列中不同小写字母表示差异达到显著水平，$P<0.05$

灌溉定额增加到一定水平，春小麦产量不再增加，水分利用效率明显下降。与灌溉定额 225mm 和 375mm 比较，灌溉定额 300mm 春小麦水分利用效率分别增加 2.38%和 38.51%。综合分析产量和水分利用效率，春小麦在垄作沟灌栽培条件下的适宜灌溉定额为 300mm。

　　春小麦垄作沟灌栽培条件下，灌水方式由漫灌改为沟灌，生育期内的适宜灌溉定额较平作栽培降低，因而适宜灌溉次数也发生了变化。研究结果（表 3-13）表明，垄作沟灌栽培条件下，春小麦产量随灌溉次数的增加先增加后降低，在生育期灌水 4 次时产量效果最好，比灌水 3 次处理增产 9.70%，产量差异显著。生育期灌水次数增加至 5 次时，春小麦产量与灌 4 次水的差异不明显。生育期灌 4 次水的水分利用效率也显著高于灌 3 次水和灌 5 次水，分别提高 20.2%和 13.0%。因此，垄作沟灌栽培春小麦生育期灌溉次数以 4 次为宜。结合春小麦生育阶段耗水规律，灌溉时期分别在三叶期、挑旗期、扬花期和抽穗期后 25d 灌水为宜。

表 3-13　　灌水次数对垄作沟灌春小麦产量及其水分利用效率的影响

生育期灌水次数/次	成穗数/（万穗/hm²）	穗粒数/（粒/穗）	千粒重/g	产量/（kg/hm²）	水分利用效率/[kg/（hm²·mm）]
3	384.93b	34.73b	45.9b	4906.0b	11.14b
4	391.87a	36.18a	47.27a	5381.7a	13.39a
5	390.26a	34.97b	47.34a	5173.8ab	11.85b

　　注：同列中不同小写字母表示差异达到显著水平，$P<0.05$

二、适宜种植密度与施肥量

　　不同种植密度和施肥量对垄作沟灌春小麦产量有不同影响（表 3-14）。在相同种植密度条件下，垄作沟灌春小麦的产量基本随氮磷施用量的增加而增加，并在高施肥量下达到最高水平。在同一施肥水平下，垄作沟灌春小麦产量随种植密

表 3-14　　不同种植密度和施肥量处理垄作沟灌春小麦产量结果两向表

种植密度/（万粒/hm²）	不同施氮量下产量/（kg/hm²）			主处理总和	主处理均值
	120	150	180		
600	17 541.75	20 250.15	17 680.8	55 472.7	18 490.9
675	18 250.2	20 352.15	22 625.25	61 227.6	20 409.2
750	18 025.02	20 272.55	22 026.75	60 324.32	20 108.11
825	14 009.7	16 043.52	18 426.75	48 479.97	16 159.99
副处理总和	67 826.67	76 918.37	80 759.55	225 504.6	
副处理均值	16 956.67	19 229.59	206 189.89		

　　注：N∶P₂O₅=1∶0.8

度的增加先增加后降低，种植密度在中密、中高密时产量水平较高。

进一步分析施肥水平和种植密度对垄作沟灌春小麦产量的影响（表 3-15）可以看出，高肥处理产量最高，为 6730.0kg/hm²，分别比低肥、中低肥增产 1077.8kg/hm²和 320.1kg/hm²；低肥处理产量最低，比中肥减产 757.7kg/hm²。种植密度对产量的影响表现为先增加后降低的趋势（表 3-16），种植密度由低密增至中密时，垄作沟灌春小麦产量逐渐增加，在中密水平达到最高，为 6803.1kg/hm²，与低密、高密的产量差异显著，分别增产 639.5kg/hm² 和 1416.4kg/hm²，种植密度由中密增至中高密时，产量呈下降的趋势，但二者产量之间的差异不显著，种植密度继续增大至高密，垄作沟灌春小麦产量锐减，仅为 5386.7kg/hm²，与低密、中密、中高密的产量差异均达极显著水平，分别减产 12.60%、20.82% 和 19.63%。综上，垄作沟灌春小麦适宜的种植密度为 675 万～750 万粒/hm²，施肥量为 N 180kg/hm² 以上，P_2O_5 144 kg/hm²以上。

表 3-15　不同施肥量对垄作沟灌春小麦产量的影响

施氮量/（kg/hm²）	产量/（kg/hm²）	显著水平	
		0.05	0.01
120	5652.2	c	C
150	6409.9	b	B
180	6730.0	a	A

注：$N : P_2O_5 = 1 : 0.8$

表 3-16　不同种植密度对垄作沟灌春小麦产量的影响

种植密度/（万粒/hm²）	产量/（kg/hm²）	显著水平	
		0.05	0.01
600	6163.6	b	B
675	6803.1	a	A
750	6702.7	a	A
825	5386.7	c	C

三、适宜品种引进与筛选

春小麦采用垄作沟灌栽培后，只在垄面进行播种，田间实际播种面积小于平作栽培。起垄种植后，由于垄沟的存在，田间通风透光条件更加优化，光热资源利用率相对增加。因此，对春小麦品种的要求也不同于平作栽培。为确保春小麦在垄作栽培沟灌条件下的产量优势得到充分发挥，应选择搭配适宜的品种。

2004～2005 年先后从墨西哥小麦玉米改良中心、宁夏农林科学院作物所、甘肃农业大学、甘肃省农业科学院作物所和张掖市农科所引进 11 个春小麦新品种（系），开展了品种筛选试验。在 2004 年参试的 4 个品种（表 3-17）中，宁鉴 210 产量最好，为 5965.7kg/hm²，与 00J4、宁 32 和 00J26 三个处理之间的产量差异极显著，分别比 00J4、宁 32 和 00J26 增产 1000.0kg/hm²、1111.1kg/hm² 和 1387.7kg/hm²，增幅分别为 20.14%、22.89%和 30.31%，个体单株优势明显，千粒重和穗粒数显著高于其他品种，田间成穗与其他品种无明显差异，作为保留品种继续参加 2005 年的试验。而其他品种采用垄作沟灌栽培后不仅产量水平低，而且单株产量优势不明显，再加上叶片紧凑上举，田间封垄效果不好。

2005 年通过品种筛选（表 3-18），参试品种中 96-123 产量结果最好，折合产量 7257.0kg/hm²，在参试品种中产量列第一位，陇辐 2 号和 9075 在参试品种中产量分列第二、第三位。品系 96-123 成穗数在参试品种中最高，穗粒数适中，属多穗品种；陇辐 2 号叶片披散，拔节后具有较好的封垄效果，有利于增大田间郁

表 3-17 不同春小麦品种（系）垄作沟灌栽培下的主要农艺性状

处理	株高/cm	穗长/cm	结实小穗/个	穗粒数/（粒/穗）	穗粒重/g	千粒重/g	成穗数/（万穗/hm²）	产量/（kg/hm²）
宁鉴 210	74.18	7.61	11.37	29.8a	1.55	51.51a	452.85a	5965.7aA
00J26	69.94	6.77	9.93	27.72b	1.24	45.38c	423.45a	4578.0bB
宁 32	82.3	8.01	10.9	27.08b	1.25	45.96c	451.80a	4854.6bB
00J4	68.94	6.82	10.35	28.23b	1.33	47.2b	438.45a	4965.7bB

注：同列中不同小写字母表示差异达到显著水平，$P<0.05$；大写字母表示差异达到极显著水平，$P<0.01$

表 3-18 垄作沟灌春小麦不同品种（系）产量及产量构成要素

品种（系）	成穗数/（万穗/hm²）	穗粒数/（粒/穗）	千粒重/g	产量/（kg/hm²）	显著水平		位次
					0.05	0.01	
9075	456.2	32.0	47.1	6135.0	bc	AB	3
宁鉴 210	418.4	28.5	52.1	6073.5	bc	AB	4
陇辐 2 号	457.4	32.9	47.3	6451.5	ab	AB	2
96-123	490.2	29.4	48.9	7257.0	a	A	1
西旱 1 号	420.8	28.5	50.0	5341.5	c	B	8
1248	445.2	29.2	41.2	5524.5	bc	B	7
2586	369.6	31.8	47.2	5854.5	bc	AB	5
宁春 18 号	387.8	28.8	46.8	5781.0	bc	AB	6

闭度，增加光能利用率，降低苗期垄沟无效蒸发。宁鉴 210 千粒重高，显示更强的单株优势。9075 成穗数、穗粒数和千粒重均处在较高水平。因此，生产中可将 96-123 和陇辐 2 号作为目前垄作沟灌栽培的主体品种（系），9075 和宁鉴 210 作为垄作沟灌栽培的搭配品种（系）。分析试验结果和品种特性看出，个体优势强、田间成穗数高、叶片披散型春小麦品种更加适合垄作沟灌栽培。

四、适宜垄宽与播种行数

不同的垄面宽度对灌溉水的运移及春小麦的产量结果均有较大影响。从表 3-19 可以看出，在 60cm、75cm 和 90cm 三种不同的垄宽中，垄宽为 75cm 的产量最高，为 5752.5kg/hm^2，分别比垄宽 60cm 和 90cm 增产 228.0kg/hm^2 和 250.5kg/hm^2。分析不同处理的产量构成要素，不同垄宽之间的千粒重无明显差异，影响产量的主要因素为成穗数和穗粒数。

表 3-19　不同垄宽对春小麦产量及产量构成要素的影响

垄宽/cm	成穗数/（万穗/hm^2）	穗粒数/（粒/穗）	千粒重/g	产量/（kg/hm^2）
60	496.65	26.54	48.17	5524.5
75	540.30	26.94	48.80	5752.5
90	572.40	24.44	48.56	5502.0

分析不同垄宽灌水后的土壤水分运移结果（图 3-11）表明，垄宽对灌水后灌溉水的侧渗有较大影响。垄宽加大，灌溉水侧渗效果变差，垄面 60cm 以上土层土壤含水量降低。60cm 垄宽灌水后土壤含水量最高，侧渗效果最好，春小麦生长良好，穗粒数多，但由于垄的宽度偏小，沟所占面积增大，垄上只播种 3 行小麦，土地利用率大幅度降低，成穗数下降，影响了春小麦的产量。90cm 垄宽灌水后侧渗效果最差，垄上土壤含水量最低，尽管通过增加垄面宽度将垄上春小麦播种行数增加到了 5 行，提高了成穗数，但因灌溉水侧渗效果差影响了垄上春小麦的个体发育，穗粒数降低，限制了产量的提高。75cm 垄宽灌溉水测渗效果好，春小麦生长良好，千粒重和穗粒数与 60cm 垄宽接近，但播种行数增多，对土地的利用率提高，成穗数高于 60cm 垄宽。综合考虑以上两种因素，将 75cm 垄宽确定为春小麦垄作栽培的适宜垄宽，以垄上播种 4 行春小麦为宜。

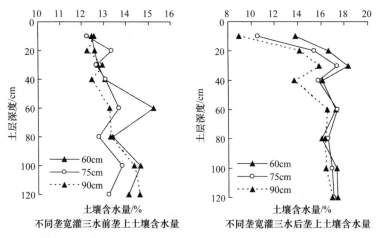

图 3-11　不同垄宽处理灌三水前后垄上土壤含水量变化

第五节　主要栽培技术

一、品种选择与种子准备

春小麦垄作沟灌栽培宜选用以陇辐 2 号、陇春 19 号、陇春 26 号和宁春 39 号等叶片披散、边行优势强、分蘖成穗率高、矮秆抗倒伏的春小麦品种。播种前选择籽粒饱满的良种，晒种 1～2d，以提高种子发芽力和生长势。如需拌种，参照本规程病虫害防治内容。

二、起垄与播种

在 3 月中、下旬，当 20cm 土层昼消夜冻时，采用四轮拖拉机牵引 2BL-4 麦类作物垄作播种机一次完成起垄和播种。要求垄幅 75cm、垄面宽 45m、垄沟宽 30cm、垄高 20cm，垄上播 4 行小麦，行距 15cm，播深 3～5cm。对分蘖能力弱、靠主茎成穗的品种，采用四轮拖拉机牵引 2BL-6 麦类作物垄作播种机一次完成起垄和播种，要求垄上播 4 行小麦，沟内各播种 1 行小麦。春小麦播种量为 354～422kg/hm²，播种后及时镇压垄面。

三、施肥量与施肥方法

施农家肥 60 000～75 000kg/hm²，化肥 N 180～225kg/hm²、P_2O_5 135～168kg/hm²。

农家肥在整地前均匀撒施，随整地施入土壤中。化肥在播种前人工均匀撒施，起垄播种时随起垄翻埋于垄体中。

四、灌溉定额与灌水时间

全生育期灌溉定额为 270～345mm，灌水 3～4 次。头水在三叶期，灌水量以 82.5mm 为宜；二水在挑旗期，灌水量以 97.5mm 为宜；三水在抽穗后 20d，灌水量以 90mm 为宜；如遇到干旱年份或土壤持水力差时，可于扬花期灌三水，抽穗后 25d 灌四水，灌水量分别为 90mm 和 75mm。灌水时，强度不宜太大，小水慢灌，防止漫垄。

五、病虫草害防治

春小麦主要病害是锈病、根腐病和全蚀病。田间发现锈病、白粉病等病害的发病中心，及时喷药防治，用 25%粉锈宁 525g/hm^2，兑水 750kg 叶面喷雾。易发生根腐病的地块，用 3%敌萎丹拌种悬浮液 0.8kg 兑水 2kg，或用 2.5%适乐时 0.2kg 兑水 2kg，拌种 100kg 进行处理。易发生全蚀病的地块用 25%敌力脱 0.2kg 兑水 2kg，或用 25%丙环唑乳油 0.2kg 兑水 2kg，拌种 100kg 进行处理。

春小麦主要虫害是蚜虫、金针虫和吸浆虫。6～7 月发生蚜虫危害时，用抗蚜威 150g/hm^2 兑水 450kg 进行喷雾防治。在金针虫等地下害虫严重的地块，按每 100kg 小麦种子用 40%的甲基异柳磷 200ml 加水 2kg 均匀拌种进行防治。在 5 月底或 6 月上旬吸浆虫发生前，用 40%氧化乐果乳油 2000 倍液叶面喷雾防治。应急时用 40%氧化乐果乳油 1500ml/hm^2 加水 225～300kg 低微量喷雾。

春小麦主要草害有阔叶杂草和野燕麦。草害防除采用人工与化学方法相结合，阔叶杂草用 2,4-D 丁酯 375ml/hm^2 兑水 600～750kg，在小麦 4～5 叶期叶面喷雾。在野燕麦 3～4 叶期，结合小麦灌头水，用 40%野燕枯 3000～3750ml/hm^2 兑水 675～750kg 叶面喷雾。也可人工拔除小麦株间及垄沟内的大株杂草。

第四章　啤酒大麦垄作沟灌节水栽培技术

啤酒大麦具有分蘖力强和单株成穗率高的特点，在这一特点的基础上结合春小麦垄作沟灌节水栽培技术，研究提出适合啤酒大麦栽培的垄作沟灌节水栽培技术。这一技术创新发展了传统平作栽培技术，改善了田间的通风透光，增强了作物的抗倒伏和抗病能力，最大限度地发挥作物的边行优势，显著提高了水分利用效率和肥料利用率，成为继春小麦垄作沟灌节水栽培技术之后垄作沟灌技术与密播作物生产的又一次成功结合。

第一节　种植模式与产量效应

一、种植模式与规格

啤酒大麦垄作沟灌节水栽培技术采用四轮拖拉机牵引麦类作物垄作播种机一次完成起垄和播种作业。起垄要求垄幅 75cm、垄面宽 45cm、垄沟宽 30cm、垄高 20cm。垄上播 4 行啤酒大麦，行距 15cm，播深 3～5cm。啤酒大麦垄作沟灌节水栽培模式及规格见图 4-1。

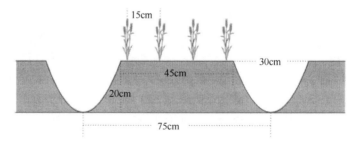

图 4-1　啤酒大麦垄作沟灌节水栽培技术种植模式示意图

二、土壤温度的变化特征

从不同栽培方式下啤酒大麦土壤温度测定结果（图4-2）看出，垄作沟灌不同层次的平均土壤温度明显高于平作的平均土壤温度。增温效应主要表现在0～5cm土层，两种栽培方式下的土壤温度差异最大，并随土层加深，温度差异逐渐缩小。

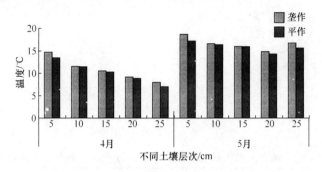

图4-2 不同深度土壤温度的变化

4～5月份垄作沟灌栽培5cm土层平均土壤温度较平作高1.39℃，仅在5月1日到5月10日这一时间段，垄作沟灌栽培积温为962.58℃，较平作积温849.08℃增加113.5℃。4月5日到5月29日垄作不同层次的平均地温明显高于平作相应层次的平均地温。垄作与平作的平均地温差异因层次不同而异，其中以5cm层差异最大，垄作处理4、5月份5cm层土壤平均温度较平作相应层高出1.27℃和1.39℃。4月5日到5月29日，各层的温度在同一天基本的变化规律为垄作5cm＞平作5cm＞垄作10cm＞平作10cm＞垄作15cm＞平作15cm＞平作20cm＞垄作20cm＞平作25cm＞垄作25cm。

图4-3为4月5日至5月29日连续测定的土壤温度变化趋势。从中可以看出，拔节前，垄作沟灌栽培的增温效应比较明显，且以0～5cm土层土壤温度差异最大。随生长发育进程的推进，增温效应逐渐弱化。其主要原因是田间郁闭度逐渐加大，栽培方式对土壤温度的影响作用逐渐减弱。挑旗后，不同栽培方式间、不同土层间的土壤温度差异不明显，垄作沟灌栽培的增温效果不明显。垄作沟灌栽培前期的增温效应可减缓河西绿洲灌区早春的低温胁迫，弱化了早春低温与作物幼苗生长缓慢和壮苗早发之间的矛盾，有利于作物出苗及出苗后的壮苗早发，为根系早发快长和提高吸收功能创造了良好的条件，为丰产奠定了基础。

三、啤酒大麦的增产效果

对比分析栽培方式和灌溉定额对啤酒大麦产量的影响（表4-1），结果表明栽

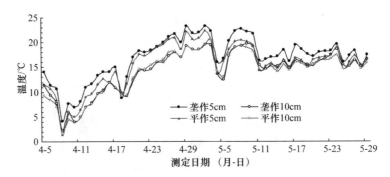

图 4-3　不同栽培方式下啤酒大麦 5cm 和 10cm 土层土壤温度变化（另见彩图）

表 4-1　栽培方式和灌溉定额对啤酒大麦产量影响的方差分析表

变异来源	平方和	自由度	均方	F 值	显著水平
区组	270 108.39	2	135 054.2		
栽培方式	16 084 732	1	16 084 732.2	1 298.943	0.000 8
误差	24 765.872	2	12 382.935 9		
灌溉定额	26 851 021	4	6 712 755.283	142.319	0
互作	1 968 750.4	4	492 187.6	10.435	0.000 2
误差	754 668.93	16	47 166.808		
总变异	45 954 047	29			

培方式、灌溉定额及二者之间的交互效应对啤酒大麦的产量均有显著影响。其中，栽培方式对啤酒大麦产量的影响最大，其次为灌溉定额，栽培方式与灌溉定额的互作效应对产量的作用相对较小。

　　栽培方式对啤酒大麦产量的影响差异极显著。在相同的灌溉定额条件下，啤酒大麦在垄作沟灌栽培模式下的产量均高于平作栽培（表 4-2），分别较平作增加 480.4～1983.6kg/hm²，增产幅度 6.86%～55.05%，说明垄作沟灌栽培模式具有明显的增产效应。增产效应随灌溉定额的增大逐渐减弱，在低灌溉定额条件下，垄作沟灌栽培啤酒大麦的增产效果更为显著，在灌溉定额为 150mm 的缺水条件下，产量可达到 5586.6kg/hm²，接近平作栽培灌溉定额为 285mm 的产量水平。而在高灌溉定额条件下，垄作沟灌栽培啤酒大麦的增产效果降低。

　　同样，灌溉定额对啤酒大麦产量的影响差异显著。在垄作沟灌栽培方式下，啤酒大麦产量随灌溉定额的增加呈先增加后降低的趋势（表 4-2），当灌溉定额在 150～285mm 范围内变化时，产量随灌溉定额的增加而显著增加，当灌溉定额从

表 4-2　垄作和平作栽培条件下啤酒大麦的产量变化

灌溉定额/mm	产量/（kg/hm²）		较平作增减/（kg/hm²）	较平作增减/%
	垄作	平作		
150	5586.6cC	3603.0dD	1983.6	55.05
210	6602.2bB	4953.0cC	1649.2	33.30
285	7378.5aA	5800.4bB	1578.1	27.21
360	7713.8aA	6083.0bB	1630.8	26.81
435	7480.8aA	7000.4aA	480.4	6.86

注：同列中不同小写字母表示差异达到显著水平，$P<0.05$；大写字母表示差异达到极显著水平，$P<0.01$

285mm 增加到 360mm 时，啤酒大麦产量增加不显著。灌溉定额超过 360mm 继续增大时，啤酒大麦产量下降。在平作栽培方式下，啤酒大麦产量随灌溉定额的增加一直呈显著增加趋势，在灌溉定额达 435mm 时产量最高。

四、啤酒大麦产量要素的构成

对比分析不同栽培模式对啤酒大麦产量构成要素的影响（表 4-3）可以看出，相同灌溉定额下，啤酒大麦垄作沟灌栽培后的成穗数均略低于平作，比平作栽培减少 29.8 万～66.7 万穗/hm²，降低 3.69%～8.34%，这主要与垄作沟灌栽培后实际播种面积减少有关。但垄作沟灌栽培后啤酒大麦穗粒数增加 0.7～7.2 粒，增幅 2.83%～43.37%；千粒重增加 2.10～5.36g，增幅 4.94%～12.41%，尤其在低灌溉定额条件下，穗粒数和千粒重明显高于平作栽培。综合考虑两种栽培模式下啤酒大麦的产量结果，可以看出垄作沟灌模式下千粒重和穗粒数大幅度增加，表明垄作沟灌栽培能促进啤酒大麦的个体发育，有利于千粒重、穗粒数的增加，这是垄作沟灌啤酒大麦增产的主要原因。同时，千粒重的增加也提升了啤酒大麦的商品质量，有利于增加啤酒大麦的种植效益。

表 4-3　不同栽培方式及灌溉定额下啤酒大麦产量构成要素比较

灌溉定额/mm	成穗数/（万穗/hm²）		穗粒数/（粒/穗）		千粒重/g	
	垄作沟灌	平作	垄作沟灌	平作	垄作沟灌	平作
150	648.8f	703.1e	23.2c	16.7f	38.93e	36.19f
210	727.3d	785.5bc	23.8bc	16.6f	45.36b	42.39d
285	732.8d	799.5ab	25.4a	19.8e	48.56a	43.20cd
360	736.0d	773.0c	25.3a	21.3d	48.41a	44.76b
435	778.2c	808.0a	25.4a	24.7ab	44.65bc	42.55d

注：同列中不同小写字母表示差异达到显著水平，$P<0.05$

采用垄作沟灌栽培技术后，田间通风透光得到改善，垄作增温效应明显，使个体发育条件更加优化，表现很强的边行优势。由表 4-4 可以看出，相同灌溉定额下，垄作沟灌栽培啤酒大麦边行穗粒数比中行增加 0.3～5.3 粒/穗，增加 1.30%～23.35%，边行千粒重比中行增加 0.8～2.6g，增加 1.81%～5.50%。与平作栽培相比，垄作沟灌栽培啤酒大麦平均穗粒数增加 0.7～7.4 粒/穗，平均千粒重增加 2.1～5.4g，分别增加 2.83%～41.11%和 4.93%～12.5%。明显的边行优势，使垄作沟灌啤酒大麦穗粒数和千粒重均高于平作栽培。

表 4-4　啤酒大麦垄作沟灌栽培的边行优势比较

灌溉定额/mm	穗粒数/（粒/穗）				千粒重/g			
	垄作			平作	垄作			平作
	边行	中行	平均		边行	中行	平均	
150	23.3	23.0	23.2	16.7	39.8	38.0	38.9	36.2
210	24.6	23.0	23.8	16.6	45.9	44.8	45.4	42.4
285	27.2	23.6	25.4	18.0	49.9	47.3	48.6	43.2
360	28.0	22.7	25.3	21.3	48.7	48.1	48.4	44.8
435	26.3	24.6	25.4	24.7	45.1	44.3	44.7	42.6

第二节　耗水规律与节水效果

一、田间土壤水分的变化规律

土壤水分是影响啤酒大麦生长发育的主要条件之一，土壤含水量的大小及其分布不仅影响土壤其他性状，而且影响着啤酒大麦的根系发育，进而作用于啤酒大麦的生长发育过程。从图 4-4 看出，在三叶期，栽培方式对田间土壤水分的影响不明显，两种栽培方式下的土壤水分差异不大。挑旗后，低灌溉定额（285mm）下垄作沟灌栽培 40cm 以上土层含水量低于平作，高灌溉定额（435mm）垄作 60cm 以上土层含水量低于平作。进入灌浆期，低灌溉定额垄作沟灌栽培 60cm 以上土层含水量低于平作，高灌溉定额垄作沟灌栽培 80cm 以上土层含水量低于平作。在成熟期，低灌溉定额处理垄作沟灌栽培 90cm 以上土层含水量低于平作，高灌溉定额垄作沟灌栽培 40cm 以上土层含水量低于平作。

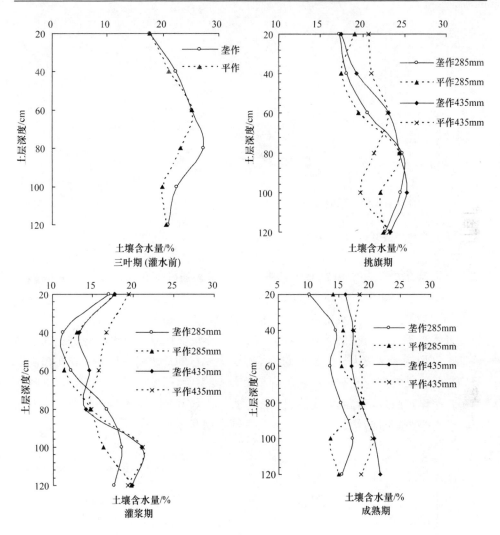

图 4-4　垄作沟灌栽培啤酒大麦不同生长阶段田间土壤水分变化

栽培方式对啤酒大麦不同生长阶段的 0～120cm 土层平均体积含水量有明显影响（图 4-5）。垄作沟灌栽培方式下，啤酒大麦挑旗期后各生长阶段土壤含水量均低于平作，其原因主要是垄作沟灌栽培后啤酒大麦田间长势优于平作栽培，对土壤水分的消耗相对增大。

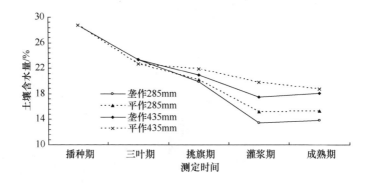

图 4-5 啤酒大麦全生育期 0～120cm 平均土层体积含水量

二、啤酒大麦的耗水规律

不同栽培模式和灌溉定额下，啤酒大麦耗水强度变化均表现出相同的趋势（图 4-6）。播种期至三叶期表现出全生育期最低耗水强度。三叶期后，日均耗水量开始逐渐增大。高灌溉定额下，在拔节至挑旗期，啤酒大麦进入耗水高峰期，日均耗水量最大。而在低灌溉定额下，在挑旗至灌浆中期，啤酒大麦进入耗水高峰期，日均耗水量最大。灌浆中期后，啤酒大麦日均耗水量开始降低。在相同灌溉定额下，三叶期前，垄作沟灌栽培啤酒大麦的耗水强度小于平作栽培。三叶期前后，垄作沟灌栽培啤酒大麦的耗水强度大于平作栽培（图 4-6）。相同栽培方式下，随着灌溉定额的增加，啤酒大麦日均耗水明显增加。

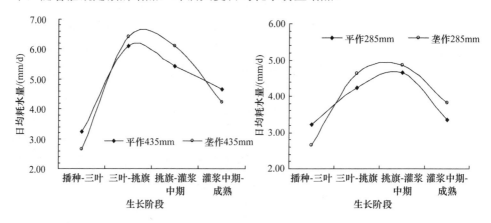

图 4-6 不同栽培方式下啤酒大麦耗水强度变化

三、啤酒大麦的节水效果

受栽培方式的影响，啤酒大麦垄作沟灌栽培生育期耗水量高于平作栽培（表4-5），相同灌溉定额下比平作栽培增加 3.36～41.29mm，增幅 0.89%～14.55%。垄作沟灌栽培方式下，随着灌溉定额的增加，水分利用效率呈逐渐下降的趋势，在 210mm 时达最大值。而在平作栽培方式下，啤酒大麦水分利用效率在 360mm 达最大值。相同灌溉定额下，垄作沟灌栽培水分利用效率均显著高于平作栽培。与平作栽培相比，水分利用效率提高 0.65～4.52kg/（hm²·mm），增幅达 5.18%～35.40%。灌溉定额为 285mm 的垄作栽培与灌溉定额为 435mm 的平作栽培相比，产量处在同一水平，但节水 150mm。这些数据表明，啤酒大麦垄作沟灌栽培具有显著的节水效果。

表 4-5　不同栽培模式下啤酒大麦的水分利用效率

灌溉定额/mm	产量/（kg/hm²)		耗水量/mm		水分利用效率/[kg/（hm²·mm）]	
	垄作	平作	垄作	平作	垄作	平作
150	5586.6eD	3603.0gF	323.17eE	282.13fF	17.29bA	12.77efD
210	6802.2cB	4953.0fE	380.53dD	377.17dD	17.35aA	13.13eD
285	7578.5abA	5800.4eCD	467.05cBC	449.53cC	15.80cB	12.90efD
360	7713.8aA	6083.0dC	499.81bB	458.52cC	15.43dC	13.27eD
435	7480.8abA	7000.4bB	566.29aA	557.29aA	13.21eD	12.56fD

注：同列中不同小写字母表示差异达到显著水平，$P < 0.05$；大写字母表示差异达到极显著水平，$P < 0.01$

第三节　主效栽培措施与产量形成

一、灌溉定额与产量

在垄作沟灌栽培方式下，啤酒大麦产量随灌溉定额的增大而增加（表 4-6）。但增产效果因灌溉水平不同而存在差异。当灌溉定额从 150mm 增大到 270mm 时，啤酒大麦产量增加明显，不同灌溉定额下的产量差异极显著。啤酒大麦水分利用效率随灌溉定额的变化表现出相似的趋势。当灌溉定额超过 270mm 继续增大至 330mm 时，啤酒大麦产量增加不显著，而灌溉定额偏高使耗水量大幅度增加，水分对产量的贡献率下降，水分利用效率明显降低。因此，可将 270mm 作为啤酒大麦垄作沟灌栽培的适宜灌溉定额。该灌溉定额与当地啤酒大麦传统灌溉定额450mm 相比，可节水 180mm。

表 4-6 灌溉定额对垄作沟灌啤酒大麦产量及水分利用效率的影响

灌溉定额/mm	产量/（kg/hm²）	水分利用效率/[kg/（hm²·mm）]
150	3861.16cC	10.57cC
210	4899.74bB	11.74bB
270	6100.25aA	13.12aA
330	6390.61aA	12.47abAB

注：同列中不同小写字母表示差异达到显著水平，$P<0.05$；大写字母表示差异达到极显著水平，$P<0.01$

根据啤酒大麦垄作沟灌栽培的阶段耗水规律，提出啤酒大麦生育期适宜的灌溉次数为 3～4 次，分别于三叶期、挑旗期和抽穗后 20d 进行。若气候干旱、土壤持水力差，可于抽穗后 10d 灌三水，抽穗后 30d 灌四水。

二、施肥量与产量

不同水肥条件对垄作沟灌啤酒大麦的产量有显著影响（表 4-7）。相同灌溉水平下，当施氮量从低肥水平（75kg/hm²）增大到中肥水平（150kg/hm²）时，啤酒大麦产量随之增加，增产效果十分显著。当施氮量高于中肥水平（150kg/hm²）继续增大时，肥料对垄作啤酒大麦产量的贡献率下降，啤酒大麦产量增加不显著，而增施肥料增加了啤酒大麦的生产成本。在三个施氮水平中，对穗粒数和千粒重的影响大小依次为中肥水平＞高肥水平＞低肥水平。由此可以看出，啤酒大麦垄作沟灌栽培后的施肥水平以纯 N 150kg/hm²、P_2O_5 112.5kg/hm² 为宜。

表 4-7 不同水氮条件下垄作沟灌啤酒大麦产量的变化

灌溉定额/mm	不同施氮量下啤酒大麦产量/（kg/hm²）		
	75kg/hm²	150kg/hm²	225kg/hm²
150	9 397.45	11 332.22	14 020.8
210	15 176.64	15 000.76	13 920.29
270	17 412.93	18 719.52	18 769.78
330	19 146.69	18 845.16	19 523.6

啤酒大麦籽粒蛋白质含量是衡量其品质的主要指标之一。对啤酒大麦籽粒蛋白质含量的测定结果（表 4-8）表明，垄作沟灌栽培条件下，施氮量、施氮量与灌溉定额之间的交互作用对啤酒大麦籽粒蛋白质含量具有显著影响，灌溉定额对啤酒大麦籽粒蛋白质含量影响不明显。

表 4-8 不同水氮条件下啤酒大麦籽粒蛋白质含量的方差分析

变异来源	平方和	自由度	均方	F 值	显著水平
区组	7.49	2	3.7453		
灌溉定额	6.84	2	3.4202	0.448	0.6675
误差	30.54	4	7.6341		
施氮量	65.62	3	21.8719	39.634	0
灌溉定额×施氮量	11.47	6	1.911	3.463	0.0187
误差	9.93	18	0.5518		
总和	131.88	35			

在相同灌溉定额下，啤酒大麦籽粒中蛋白质含量随施氮量增加而增加（表4-9），施氮量越多，籽粒蛋白质含量越高。但随灌溉定额的增加，施氮量对啤酒大麦籽粒蛋白含量的影响不同。在灌溉定额为 210mm 时，不同施氮量下啤酒大麦籽粒蛋白质含量差异不显著；当灌溉定额增加到 270mm 时，不施氮与施氮150kg/hm² 和 225kg/hm² 啤酒大麦籽粒蛋白质含量之间的差异显著，不施氮与施氮75kg/hm² 之间、施氮 150kg/hm² 和 225kg/hm² 之间的啤酒大麦籽粒蛋白质含量差异均不显著；在灌溉定额为 330mm 时，不施氮与施氮 150kg/hm² 和 225kg/hm² 之间、施氮 75kg/hm² 和 225kg/hm² 之间的籽粒蛋白质含量差异显著，而不施氮与施氮75kg/hm² 之间、施氮 75kg/hm² 和 150kg/hm² 处理之间的籽粒蛋白质含量差异均不显著。根据国家优级啤酒大麦质量标准对籽粒蛋白质含量 10%～12.5%的要求，灌溉定额为 270mm、施氮量低于75kg/hm² 时，啤酒大麦籽粒蛋白质含量符合国标要求，但施氮量过低啤酒大麦产量下降明显，种植效益降低。因此，垄作沟灌栽培条件下，确定啤酒大麦的施氮量时，应综合考虑产量、品质和灌溉定额，适宜施氮量以 75～150kg/hm² 为宜。

表 4-9 不同灌溉定额和施氮量下啤酒大麦籽粒蛋白质含量的变化

施氮量/ （kg/hm²）	不同灌溉定额下籽粒蛋白质含量/%		
	210mm	270mm	330mm
0	11.3a	10.8b	9.5c
75	11.9a	12.9ab	10.8bc
150	13.6a	13.4a	12.2ab
225	14.4a	13.4a	14.7a

注：同列中不同小写字母表示差异达到显著水平，$P < 0.05$

三、灌溉定额和施氮量与氮肥利用率

在相同施氮水平下，垄作沟灌啤酒大麦的氮肥利用率随灌溉定额的增加而增加（表 4-10）。但随灌溉定额的增加，施氮量对啤酒大麦氮肥利用率的影响不同。在灌溉定额为 210mm 时，施氮 150kg/hm^2 氮肥利用率显著高于施氮 75kg/hm^2 和施氮 225kg/hm^2；灌溉定额增大到 270mm 时，氮肥利用率随施氮量的增加表现出降低的趋势，施氮 75kg/hm^2 和施氮 150kg/hm^2 之间的差异不显著；在灌溉定额为 330mm 时，氮肥利用率随施氮量的增加也呈降低趋势，当施氮量从 75kg/hm^2 增加到 150kg/hm^2 时，啤酒大麦氮肥利用率显著降低。

表 4-10　施氮量和灌溉定额对啤酒大麦氮肥利用率的影响

施氮量/ （kg/hm^2）	不同灌溉定额下啤酒大麦氮肥利用率/%		
	210mm	270mm	330mm
75	15.2b	28.0a	39.6a
150	20.3a	26.2a	26.3b
225	14.6b	19.7b	27.1b

注：同列中不同小写字母表示差异达到显著水平，$P < 0.05$

第四节　主要栽培技术

一、选地与整地

选地标准要求坡降≤1.0‰，灌水方便、土层深厚、基础肥力较高。茬口要求前茬以玉米、甜菜、马铃薯、豆类、瓜类等作物为好。播前必须精细整地，要求地平、土绵、墒足。做到耕、耙、起垄、播种连续作业。播种前，用 13～18kW 小四轮拖拉机牵引 2BL-4 麦类作物垄作播种机一次性完成起垄、播种作业。要求垄幅 75cm，其中垄面宽 50cm、垄沟宽 25cm、垄高 20cm。每垄种植 4 行，行距 15cm，播深 3～5cm。播种量控制在 270～300kg/hm^2 为宜。

二、品种选择与种子准备

选择株高适中、大穗多粒且分蘖成穗率高，抗条纹病和耐旱性强的甘啤 4 号和甘啤 6 号。为防止条纹病和金针虫，可用 40%的甲基异柳磷+25%羟锈宁（也可用 15%粉锈宁+50%多菌灵各 150g 代替羟锈宁）对种子进行拌种处理，药剂用量以种子 100kg，甲基异柳磷 200ml+羟锈宁 150g+水 2kg 为宜。拌种后堆闷 24h。也可用啤酒大麦专用包衣剂将种子进行包衣处理。

三、施肥量与施肥方法

农家肥 60～75t/hm²，氮素化肥（以 N 计）120～150kg/hm²、磷肥（以 P_2O_5 计）90～140kg/hm²。氮、磷及农家肥全部作基肥一次性施入。其中农肥结合春季耕地翻入土中，化肥在起垄前均匀撒于地表。

四、灌溉定额与灌水时间

生育期灌溉定额控制在270～345mm。其中头水时期在三叶期，灌量以 82.5mm 为宜。二水在主茎挑旗后，灌量以 97.5mm 为宜。三水于抽穗后 20d 灌，灌量以 90mm 为宜。若气候干旱、土壤持水力差，可于抽穗后 10d 灌三水，抽穗后 30d 灌四水，灌水量分别为 90mm 和 75mm。灌水过程要求小水慢流、灌沟不淹垄。

五、病虫草害防除

三叶期后、拔节期前田间双子叶杂草用 72% 2,4-D 丁酯 500 倍液喷雾防治，用液量 450～675kg/hm²。野燕麦在四叶期用 6.9%大骠马乳油 900g 兑水 450kg/hm² 喷雾防治。

进入 6 月中旬后要注意观察蚜虫的发生发展动态，如发生危害时，用 40%灭蚜宝 1000 倍液或 50%抗蚜威 1500 倍液喷雾防治，药液量以 450kg/hm² 为宜。农药施用要严格执行 GB4285 农药安全使用标准和 GB/T8321 农药合理使用准则的规定。

第五章 制种玉米垄膜沟灌节水栽培技术

制种玉米面积逐年增加，已成为灌区农业增效和农民增收的主要产业之一。但水资源不足和灌溉水利用效率不高的问题一直影响着玉米制种业的可持续发展。制种玉米垄膜沟灌节水栽培技术在玉米地膜覆盖节水栽培技术的基础上，将地膜覆盖技术与垄作沟灌技术有机结合，为制种玉米生产提供了新的节水高效栽培技术，提高了灌溉水的利用率和利用效率，实现了节水增产的目的。

第一节 种植模式与产量效应

一、种植模式与规格

制种玉米垄膜沟灌节水栽培技术采用宽窄行种植，于播种前 5～7d，用起垄覆膜机一次性完成起垄覆膜。起垄要求垄幅 100cm、垄面宽 60cm、垄沟宽 40cm、垄高 20cm。覆膜方式分为全膜覆盖和半膜覆盖两种，半膜覆盖垄膜沟灌栽培选用幅宽 90cm 的地膜覆盖垄面，全膜覆盖垄膜沟灌栽培选用幅宽 140cm 的地膜覆盖垄面和垄沟。垄面上种植两行母本，母本行距 50cm，株距以种植品种的不同而异，一般为 20～22cm。父本采用满天星播种方法，在垄面两行母本中间播种，株距依据所选组合父本散粉量的多少而定，一般以 40～50cm 为宜。父母本是否错期播种以及具体错期时间可根据不同组合的要求确定。制种玉米垄膜沟灌节水栽培模式及规格如图 5-1 和图 5-2 所示。

二、土壤温度的变化

制种玉米采用垄膜沟灌栽培后，由于覆膜和起垄的双重作用，增温效应明显。连续 24d 对垄膜沟灌制种玉米田 5～25cm 土层土壤温度的测定结果（表 5-1）表明，在同一土层深度，垄膜沟灌栽培日均土壤温度均高于平作条膜栽培，5～25cm 土层的日均土壤温度较平作条膜栽培提高 0.3～1.5℃，平均提高 0.9℃。从土壤温

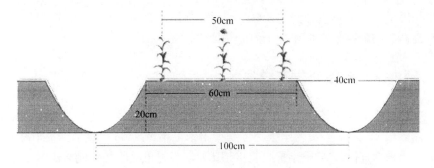

图 5-1　半膜覆盖垄膜沟灌节水栽培技术种植模式示意图

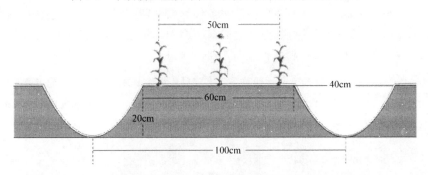

图 5-2　全膜覆盖垄膜沟灌节水栽培技术种植模式示意图

表 5-1　半膜覆盖垄膜沟灌栽培条件下制种玉米土壤温度的变化

栽培方式	不同测定深度土壤温度/℃					平均
	5cm	10cm	15cm	20cm	25cm	
垄膜沟灌	20.9	20.2	18.7	18.1	17.5	19.1
平作条膜	20.6	19.0	17.2	17.2	16.7	18.1
同比增减	0.3	1.2	1.5	0.9	0.8	0.9

注：平作条膜为当地传统地膜覆盖栽培方式，平作种植，窄行覆膜，宽行不覆膜。下同

度的垂直变化来看，无论是垄膜沟灌栽培还是平作条膜栽培，5cm 土层土壤增温效应最大，但二者差异最小。随着土层深度增加，相同栽培方式增温效应减弱，但平作条膜栽培土壤温度降低幅度大于垄膜沟灌栽培，二者土壤温度差异随土壤深度的增加而加大，在 15cm 处土壤温度差异达最大值，垄膜沟灌栽培较平作条膜栽培土壤温度增加 1.5℃。而在 15cm 以下土层增温效应逐渐减弱。膜垄沟灌栽培的增温效应，增加了作物生长期内的有效积温，弱化了灌区早春低温与作物幼

苗生长缓慢和壮苗早发之间的矛盾，有利于根系发育，加快了作物的生长发育进程，提高了制种玉米产量和种子的商品品质。

三、制种玉米的生长发育进程

垄膜沟灌栽培的增温效应，加快了制种玉米的生长发育进程。与半膜覆盖垄膜沟灌栽培相比，全膜覆盖垄膜沟灌制种玉米早出苗 4～6d，拔节期提前 9～11d，成熟期提前 7～13d。与平作条膜栽培相比，半膜覆盖垄膜沟灌制种玉米出苗提前 1～2d，拔节期提前 5～6d，成熟期提前 5～7d（表 5-2）。制种玉米生长发育进程的变化为形成大穗、双穗和多粒创造了条件。成熟期的提前，扩大了灌区制种玉米的适种区域，增加了优势晚熟组合的播种面积，降低了早霜对制种玉米冻害的风险，提高了种子质量和制种企业的效益。

表 5-2　半膜覆盖垄膜沟灌节水栽培条件下制种玉米生长发育进程的变化（月.日）

制种组合	栽培方式	播种期	出苗期	拔节期	大喇叭口期	吐丝期	成熟期
沈单 16 号	垄膜沟灌	4.25	5.10	6.3	6.20	7.13	9.18
	平作条膜	4.25	5.12	6.9	6.26	7.19	9.25
郑单 958	垄膜沟灌	4.26	5.9	6.1	6.17	7.8	9.11
	平作条膜	4.26	5.10	6.6	6.22	7.13	9.16

四、制种玉米的产量及构成

制种玉米的产量随灌溉定额的增加而增加（表 5-3）。在垄膜沟灌栽培方式下，当灌溉定额超过 450mm 继续增大时，制种玉米的增产效应不显著。在平作条膜栽培方式下，在 375～525mm 范围内，制种玉米产量随灌溉定额增加而显著增加；

表 5-3　半膜覆盖垄膜沟灌栽培条件下制种玉米产量的变化

灌溉定额/mm	沈单 16 号			郑单 958		
	垄膜沟灌/(kg/hm²)	平作条膜/(kg/hm²)	增产/%	垄膜沟灌/(kg/hm²)	平作条膜/(kg/hm²)	增产/%
375	5161.4	4055.5	27.27	6700.0	5348.4	25.27
450	7794.8	5550.3	40.44	7688.9	6662.3	15.41
525	7967.1	6694.8	19.00	7838.9	7483.4	4.75
600	7995.0	7867.1	1.63	7627.8	7822.3	−2.49

当灌溉定额超过 525mm 达到 600mm 时，沈单 16 号制种组合产量显著增加，而郑单 958 组合产量增加不显著。

在相同灌溉定额下，垄膜沟灌栽培方式下制种玉米的产量明显高于平作条膜栽培。当灌溉定额在 375～600mm 变化时，与平作条膜栽培相比，沈单 16 号组合垄膜沟灌栽培增产 127.9～2244.5kg/hm²，增产幅度达 1.63%～40.44%；郑单 958 组合除灌溉定额为 600mm 处理减产外，垄膜沟灌栽培增产 355.5～131.6kg/hm²，增产幅度达 4.75%～25.27%。随灌溉定额的增加，垄膜沟灌和平作条膜两种栽培方式下制种玉米的产量差异逐渐缩小，增产幅度降低。

回归分析结果表明，在垄膜沟灌和平作条膜两种栽培方式下，产量与灌溉定额之间的关系均呈二次抛物线规律变化。

垄膜沟灌制种玉米产量与灌溉定额的关系为

$$y_{垄膜} = -6742.61 + 55.91x - 0.053x^2 \quad (R^2 = 0.8540)$$

平作条膜制种玉米产量与灌溉定额的关系为

$$y_{条膜} = -8522.35 + 53.24x - 0.0433x^2 \quad (R^2 = 0.9384)$$

分析两个方程发现，在垄膜沟灌栽培方式下，当灌溉定额达到 524.8mm 时，制种玉米的产量达最大值。而在平作条膜栽培方式下，当灌溉定额达到 614.8mm 时，制种玉米的产量最高。这一结果说明，制种玉米产量达最大值时，垄膜沟灌栽培所需的灌溉定额低于平作条膜栽培。

栽培方式对制种玉米的千粒重和穗粒数影响明显，表 5-4 为不同栽培条件下制种玉米产量构成因素。当灌溉定额在 375～525mm 范围内变化时，垄膜沟灌栽培制种玉米的千粒重和穗粒数显著高于平作条膜栽培。与平作条膜栽培相比，千

表 5-4 半膜覆盖垄膜沟灌栽培条件下制种玉米千粒重和穗粒数的变化

产量要素	灌溉定额/mm	沈单 16 号			郑单 958		
		垄膜沟灌	平作条膜	增减/%	垄膜沟灌	平作条膜	增减/%
千粒重/g	375	249.7	229.6	8.75	324.2	288.7	12.30
	450	328.5	282.5	16.29	371.3	331.6	11.97
	525	340.9	314.1	8.53	384.1	362.9	5.84
	600	330.5	331.4	−0.27	385.4	375.5	2.64
穗粒数/（粒/穗）	375	296.7	271.6	9.24	252.1	244.4	3.15
	450	339.6	292.8	15.98	288.1	280.9	2.56
	525	333.3	312.1	6.79	280.8	274.7	2.22
	600	352.0	351.1	0.26	265.2	301.4	−12.01

粒重增加 20.10～46.01g，增幅 5.84%～16.29%；穗粒数增加 6.1～46.8 粒，增幅 2.22%～15.98%。说明垄膜沟灌栽培有利于制种玉米千粒重和穗粒数的增加，是制种玉米增产的主要原因。垄膜沟灌条件下制种玉米千粒重的增加，提升了种子的商品质量，提高了制种玉米的种植收益。

五、技术的示范效果

制种玉米垄膜沟灌节水栽培技术在示范中取得了明显的节水增产效果。近年来已经在甘肃省张掖市甘州区、山丹县、临泽县、高台县和民乐县，威武市凉州区、民勤县和金昌市永昌县累计建立制种玉米垄膜沟灌节水栽培技术核心示范区 10 476.0hm²，平均产量 7747.5kg/hm²，较平作条膜覆盖平均增产 743.9kg/hm²，增产幅度 10.62%，平均节水 1626.0m³/hm²，节水幅度 26.22%。在技术的示范推广过程中，涌现出了一批高产典型，平均较平作条膜覆盖栽培增产 1192.9kg/hm²，增产幅度 17.03%，平均节水 2043.4m³/hm²，节水幅度 32.14%。

第二节　耗水规律与节水效果

一、土壤水分的变化规律

垄膜沟灌栽培与平作条膜栽培方式下制种玉米农田土壤水分变化情况有明显差异。分析 450mm 和 600mm 两种灌溉定额、垄膜沟灌和平作条膜两种栽培模式下制种玉米不同生育时期 0～60cm 土层田间土壤水分观测结果（图 5-3）显示，在相同灌溉定额下，制种玉米拔节前，两种栽培方式 0～60cm 土层土壤水分差异不大。拔节后，由于垄膜沟灌栽培田间微生态环境的改善，制种玉米生长加快，耗水强度增大，对田间土壤水分的消耗增多，0～60cm 土层田间土壤含水量都低于平作条膜栽培。

二、制种玉米的耗水特征

垄膜沟灌与平作条膜两种栽培模式下的制种玉米全生育期耗水规律相似（表5-5）。制种玉米各阶段耗水量均随着灌溉定额的增加而增加，阶段耗水量以吐丝至成熟期所占比重最大，占生育期总耗水量的 40% 左右。阶段耗水强度随着玉米的生长呈先增加后降低的趋势，在播种至拔节期较低，耗水强度在 1.93～2.65mm/d；拔节后耗水强度增大至 4.98～5.70mm/d；在大喇叭口至吐丝阶段，制

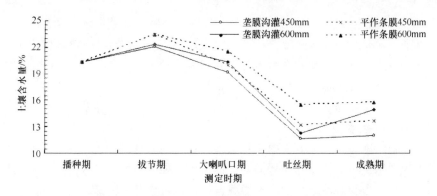

图 5-3　垄膜沟灌栽培条件下制种玉米田间土壤水分的变化

表 5-5　半膜覆盖垄膜沟灌栽培条件下制种玉米耗水量和耗水强度的变化

灌溉定额/mm	栽培方式	播种至拔节		拔节至大喇叭口		大喇叭口至吐丝		吐丝至成熟		全生育期耗水量/mm
		耗水量/mm	耗水强度/（mm/d）	耗水量/mm	耗水强度/（mm/d）	耗水量/mm	耗水强度/（mm/d）	耗水量/mm	耗水强度/（mm/d）	
375	垄膜沟灌	77.9	1.95	84.6	4.98	123.9	5.39	243.2	3.63	529.6
	平作条膜	88.9	1.93	78.0	4.59	111.7	4.86	228.9	3.63	507.5
450	垄膜沟灌	95.8	2.39	91.1	5.36	145.3	6.32	245.2	3.89	577.4
	平作条膜	107.2	2.33	87.6	5.15	124.7	5.42	230.9	3.67	550.4
525	垄膜沟灌	102.1	2.55	93.8	5.52	172.5	7.50	273.9	4.35	642.3
	平作条膜	116.6	2.54	86.0	5.06	166.2	7.23	247.8	3.93	616.6
600	垄膜沟灌	105.8	2.65	96.8	5.70	181.2	7.88	302.0	4.79	685.8
	平作条膜	121.8	2.65	94.8	5.58	173.7	7.55	279.1	4.43	669.4

种玉米进入需水高峰，耗水强度高达 5.39～7.88mm/d；吐丝至灌浆阶段，耗水强度降低，为 3.63～4.79mm/d。

与平作条膜栽培相比，垄膜沟灌栽培对制种玉米不同生育阶段的耗水量具有明显的影响。播种至拔节期，垄膜沟灌栽培制种玉米的阶段耗水量低于平作条膜栽培，阶段耗水强度差异不显著。拔节后，垄膜沟灌栽培使制种玉米长势旺盛，对水分需求相应增大，相同灌溉定额下各生长阶段耗水量和耗水强度均高于平作条膜覆盖栽培，全生育期耗水量也明显高于平作条膜覆盖栽培。

三、制种玉米的水分利用效率

栽培方式对耗水规律和产量的影响导致了制种玉米水分利用效率的差异（表

5-6）。随着灌溉定额的增加，沈单 16 号制种玉米垄膜沟灌栽培水分利用效率表现出先增加后降低的变化趋势。垄膜沟灌栽培制种玉米水分利用效率在灌溉定额 450mm 时达最大值，而平作条膜栽培制种玉米水分利用效率呈增加趋势，在灌溉定额 525～600mm 时达最大值。郑单 958 制种玉米垄膜沟灌栽培下水分利用效率表现出随灌溉定额增加而降低的趋势，水分利用效率在灌溉定额 450mm 时达最大值，而平作条膜栽培水分利用效率表现出随灌溉定额增加先增加后降低的趋势，在灌溉定额 450～525mm 时达最大值。在相同灌溉定额下，垄膜沟灌栽培制种玉米的耗水量虽高于平作条膜栽培，但由于其显著的增产效果，水分利用效率明显高于平作条膜栽培。与平作条膜覆盖相比，灌溉定额在 375～525mm 变化时，沈单 16 号水分利用效率提高 1.50～3.30kg/（hm²·mm），增幅 14.37%～34.16%；郑单 958 水分利用效率提高 0.52～2.83kg/（hm²·mm），增幅 4.17%～24.74%。当灌溉定额增为 600mm 时，垄膜沟灌栽培制种玉米水分利用效率与平作条膜栽培差异不显著。上述结果表明，制种玉米采用垄膜沟灌栽培后，节水效果十分显著。

表 5-6　半膜覆盖垄膜沟灌栽培条件下制种玉米水分利用效率的变化

制种组合	降雨量/mm	灌溉定额/mm	产量/（kg/hm²）		耗水量/mm		水分利用效率/[kg/（hm²·mm）]	
			垄膜沟灌	平作条膜	垄膜沟灌	平作条膜	垄膜沟灌	平作条膜
沈单 16 号	102.1	375	5161.4	4055.5	529.6	507.5	9.75	7.99
		450	7794.8	5550.3	577.4	550.4	13.50	10.08
		525	7967.1	6694.8	642.3	616.6	12.40	10.86
		600	7995.0	7867.1	685.8	669.4	11.66	11.75
郑单 958	69.9	375	6700.0	5348.4	469.5	467.5	14.27	11.44
		450	7688.9	6662.3	557.6	543.9	13.79	12.25
		525	7838.9	7483.4	603.0	599.6	13.00	12.48
		600	7627.8	7822.3	678.6	686.7	11.24	11.39

第三节　水肥耦合与产量形成

一、水肥耦合与制种玉米的产量

（一）对生物产量的影响

制种玉米不同生育时期干物质的积累受不同水耦合模式的影响很大（图 5-4

和图 5-5）。在拔节期，施氮量和灌溉定额的增加对植株生长量影响不大，不同水肥间差异不明显。进入抽雄期以后，随着植株的快速生长，并由营养生长进入生殖生长，根系吸收养分能力增强，对水肥的需求增加，随施氮量和灌溉定额的增加，干物质积累量明显增大，尤其是在灌浆中期至成熟期，变化趋势表现更加明显。

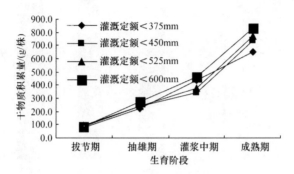

图 5-4　灌溉定额对制种玉米干物质变化的影响

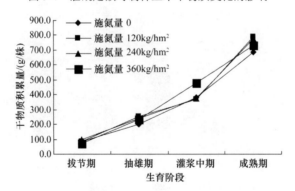

图 5-5　施氮量对制种玉米干物质变化的影响

（二）对种子产量的影响

制种玉米的种子产量也随水肥耦合模式的变化波动。在施 N 240kg/hm^2 和 P$_2$O$_5$ 120kg/hm^2 的条件下，随着灌溉定额的增加，制种玉米的产量增加，在灌溉定额为 480mm 时产量达最大值，灌溉定额继续增加，产量开始下降（图 5-6）。在灌溉定额为 480mm 和施 P$_2$O$_5$ 120kg/hm^2 的条件下，随着施氮量的增加，制种玉米的产量增加，在施氮量为 240kg/hm^2 时产量达最大值，继续增加施氮量，产量不再增加（图 5-7）。在灌溉定额为 480mm 和施 N 240kg/hm² 的条件下，随着施磷量的增加，制种玉米的产量增加，在施磷量（P₂O₅）为 120kg/hm² 时产量达最大值，继续增加施磷量，产量下降（图 5-8）。

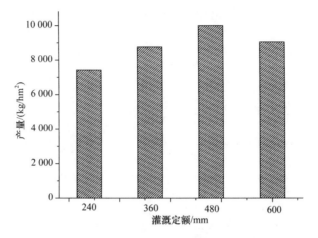

图 5-6　灌溉定额对制种玉米产量的影响

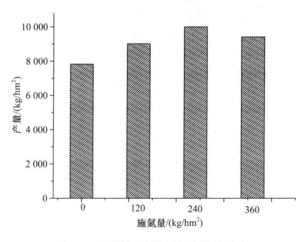

图 5-7　施氮量对制种玉米产量的影响

二、水肥耦合对水分利用效率的影响

不同水肥耦合条件下，垄膜沟灌栽培制种玉米水分利用效率差异较大。在相

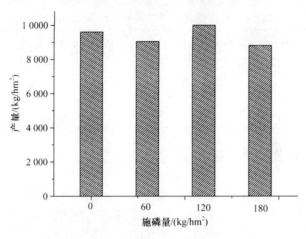

图 5-8　施磷量对制种玉米产量的影响

同施氮和施磷水平下，随灌溉定额的增加，制种玉米水分利用效率表现出降低的趋势（表 5-7）。在相同灌溉定额和施磷水平下，随施氮量的增加，制种玉米水分利用效率表现出先增加后降低的趋势（表 5-8）。当施氮量增加到 240kg/hm^2 时，制种玉米水分利用效率达最大值。在相同灌溉定额和施氮水平下，随施磷量的增加，制种玉米水分利用效率变化不明显（表 5-9）。

表 5-7　灌溉定额对制种玉米水分利用效率的影响

灌溉定额/mm	施 N 量/(kg/hm^2)	施 P$_2$O$_5$量/(kg/hm^2)	产量/（kg/hm^2）	耗水量/mm	水分利用效率/[kg/（hm^2·mm）]
240			7 416.0	485.9	15.26
360	240	120	8 770.5	612.5	14.32
480			10 005.0	720.0	13.89

表 5-8　施氮量对制种玉米水分利用效率的影响

施 N 量/(kg/hm^2)	灌溉定额/mm	施 P$_2$O$_5$量/(kg/hm^2)	产量/（kg/hm^2）	耗水量/mm	水分利用效率/[kg/（hm^2·mm）]
0			7 833.0	721.9	10.85
120			9 021.0	723.5	12.47
240	480	120	10 005.0	720.0	13.89
360			9 415.5	725.1	12.98

表 5-9　施磷量对制种玉米水分利用效率的影响

施 P$_2$O$_5$ 量/ （kg/hm^2）	灌溉定额/mm	施 N 量/(kg/hm^2)	产量/（kg/hm^2）	耗水量/mm	水分利用效率/ [kg/（hm^2·mm）]
0			9 607.5	723.0	13.29
60			9 054.0	726.9	12.45
120	480	240	10 005.0	720.0	13.89
180			8 821.5	719.9	12.25

三、制种玉米水肥耦合优化模式

利用 3414 试验设计方法取得的试验结果，对膜垄沟灌栽培条件下灌溉定额、氮肥用量和磷肥用量三个因子与制种玉米产量的关系进行回归分析，建立了回归方程：

$$Y=254.535+1.995\ 376X_1-0.003\ 43X_1^2+1.914\ 278X_2-0.156\ 66X_2^2-7.580\ 57X_3$$
$$-0.076\ 05X_3^2+0.018\ 411X_1X_2-0.017\ 873X_1X_3-0.070\ 176X_2X_3\ (R^2=0.854)$$

式中，X_1 为灌溉定额；X_2 为施 N 量；X_3 为施 P$_2$O$_5$ 量。分析回归方程可知，决定垄膜沟灌制种玉米产量性状的主要因子为灌溉定额和氮肥水平，且与产量的关系均呈抛物线函数关系，过量施肥和过量灌水增产效应不明显，水肥浪费严重。通过方程寻优，得出制种玉米垄膜沟灌栽培获得最大产量 9600.0～1000.0kg/hm^2 时的最优水肥耦合模式为，灌溉定额 450～480mm、施 N 量为 210～240kg/hm^2、施 P$_2$O$_5$ 量为 120～150kg/hm^2。

第四节　主要栽培技术

一、亲本种子处理

播前对亲本种子进行精选，选择籽粒饱满的种子，晒种 1～2d，以提高种子发芽率和发芽势。然后选用适宜的包衣剂，对亲本种子进行包衣处理，并将包衣好的种子晾干。

二、起垄覆膜与播种

于母本播种前 5～7d 用玉米起垄覆膜机一次性完成起垄覆膜作业。起垄要求垄幅 100cm、垄面宽 60cm、垄沟宽 40cm、垄高 20cm。起垄后要求垄面平整，无土块、草根等硬物。半膜覆盖选用幅宽 90cm 的地膜，全膜覆盖选用幅宽 140cm

的地膜。覆膜要求地膜贴紧地面，两边压严，每隔 2～3m 打一土腰带。

于 4 月中旬、当 5～10cm 土层土壤温度稳定在 12℃以上时开始播种母本。父母本是否错期播种以及具体错期时间根据不同组合的要求确定。制种玉米母本播种量为 45～52.5kg/hm²，父本播种量为 7.5～9.0kg/hm²。

垄面上种植两行母本，母本行距 50cm，株距以种植品种的不同而异，一般为 20～22cm。父本采用满天星播种方法，播于垄面两行母本中间，株距依据所选组合父本花粉散粉量的多少而定，一般为 40～50cm 为宜。父母本均每穴播种 2～3 粒种子，播深 4～5cm，播后用土封严膜孔。

三、灌溉定额与灌水时间

全膜覆盖垄膜沟灌制种玉米灌溉定额为 390～450mm，半膜覆盖垄膜沟灌制种玉米灌溉定额为 450～525mm，全生育期灌水 5～6 次。母本拔节期灌头水，全膜覆盖和半膜覆盖灌水量分别为灌溉定额的 20%和 25%；大喇叭口期灌二水，全膜覆盖和半膜覆盖灌水量均为灌溉定额的 20%；抽雄后灌三水，全膜覆盖和半膜覆盖灌水量分别为灌溉定额的 25%和 20%；灌浆中期灌四水，全膜覆盖和半膜覆盖灌水量均为灌溉定额的 20%；灌浆后期灌五水，全膜覆盖和半膜覆盖灌水量均为灌溉定额的 15%。逢干旱年份加灌一次。灌水要小水慢灌，注意不要漫垄，使灌溉水通过沟内侧渗进入垄体制种玉米生长带。

四、施肥量与施肥方法

全膜覆盖垄膜沟灌和半膜覆盖垄膜沟灌制种玉米施农家肥 60 000～75 000kg/hm²，全部作基肥。化肥施 N 240～300kg/hm²、施 P_2O_5 240～300kg/hm²，其中 P_2O_5 全部作基肥，72～90kg/hm² N 作基肥，72～90kg/hm² N 在玉米拔节期结合头水追施，96～120kg/hm² N 拔节期结合灌水追施。基肥结合播前浅耕翻入土壤，追肥在灌水前穴施于垄沟内膜侧。

五、田间管理

（一）去杂

制种玉米去杂分四期进行。在苗期，根据幼苗叶形、叶鞘颜色和幼苗长势辨别杂株，去除杂苗、劣苗和可疑苗。在大喇叭口期，拔除同期播种的过矮、过高、过壮和过旺植株。在父母本抽雄前，彻底砍除父本和母本行中的异型株和可疑株，要求母本杂株率不得超过 0.2%，父本杂株率不得超过 0.1%。收获时，剔除穗型、粒型、粒色和穗轴色不同的杂穗。

（二）去雄

当母本植株顶叶 80%左右露尖，手伸到雄穗处能摸到发软的雄穗时开始去雄，带 1～2 片叶子及时抽取雄穗。每天上午 10:00 前和下午 4:00 后各复检一次，做到及时、彻底、干净，不留残枝断枝，直到雄穗彻底去除。去除的雄穗要及时掩埋或带离制种田 500m 以外。

（三）人工辅助授粉

玉米花期遇高温天气和大气干旱，花粉量不足或雌雄穗花期相遇不好时，可进行人工辅助授粉。

（四）病虫草害防治

病害防治　在玉米锈病发病初期，及时喷施 0.2 波美度的石硫合剂、25％粉锈宁可湿性粉剂 1000～1500 倍液、12.5％速保利可湿性粉剂 3000～4000 倍液。一般隔 10d 左右喷一次，连续防治 2～3 次，可有效控制玉米锈病流行。

虫害防治　用种子量的 0.5%甲基异柳磷稀释20 倍拌种来防治金针虫,用 40%氧化乐果 1000 倍液喷洒 2～3 次防治红蜘蛛,用 20%敌杀死乳油 300ml/hm^2 或 1605乳油 750kg/hm^2, 兑成 450kg/hm^2 左右的药液, 将喷头对准玉米喇叭口, 向下喷心叶, 防治玉米螟。

草害防治　在玉米播种至出苗，用 40%乙莠水悬浮剂 2250～3000ml/hm^2，兑水 600～750kg，或 50%都阿合剂 2250～3000ml/hm^2，兑水 600～750kg，均匀喷施于土表，防除一年生禾本科杂草和阔叶杂草；用 50%的禾宝乳油 1200～1500ml/hm^2，兑水 600～750kg，均匀喷施于地表防除一年生禾本科杂草及马齿苋、野苋菜等阔叶杂草；用 40%甲特（特丁异丙）2250～6000ml/hm^2，兑水 600～750kg，防除一年生的禾本科杂草及蓼、藜苋等小粒种子的阔叶杂草。

第六章 玉米垄膜沟灌节水栽培技术

玉米是西北灌区的主要栽培作物，实现节水高效栽培研究具有重要意义。玉米垄膜沟灌节水栽培技术，是玉米条膜覆盖节水栽培技术和制种玉米垄膜沟灌节水栽培技术的延伸和发展，包括玉米全膜覆盖垄膜沟灌节水栽培技术、玉米条膜覆盖垄膜沟灌节水栽培技术和玉米豌豆垄膜沟灌间作技术。与平作条膜覆盖栽培相比，全膜覆盖垄膜沟灌栽培增产 12.05%～20.20%，节水 37.76%～39.46%；半膜覆盖垄膜沟灌栽培增产 9.19%～18.98%，节水 27.03%～32.77%，成为灌区玉米生产中的主要节水栽培技术。

第一节 种植模式与产量效应

一、种植模式与规格

（一）玉米全膜覆盖垄膜沟灌节水栽培技术

玉米全膜覆盖垄膜沟灌栽培采用宽窄行种植，于玉米播种前 5～7d 用玉米起垄覆膜机一次性完成起垄覆膜作业。起垄要求垄幅 100cm、垄面宽 60cm、垄沟宽 40cm、垄高 20cm，用幅宽 140cm、厚度 0.005～0.006mm 的地膜覆盖垄面和垄沟。垄面种植 2 行玉米，行距 50cm，株距 22～24cm，播种密度 6.75 万～9.0 万株/hm²。玉米全膜覆盖垄膜沟灌节水栽培模式及规格如图 6-1 所示。

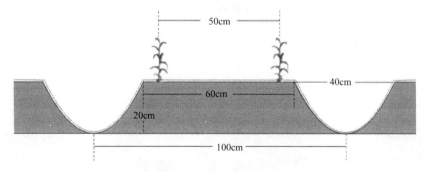

图 6-1 玉米全膜覆盖垄膜沟灌节水栽培技术种植模式示意图

（二）玉米半膜覆盖垄膜沟灌节水栽培技术

玉米半膜覆盖垄膜沟灌栽培采用宽窄行种植，于玉米播种前 5～7d 用玉米起垄覆膜机一次性完成起垄覆膜作业。起垄要求垄幅100cm、垄面宽60cm、垄沟宽40cm、垄高 20cm，用幅宽 90cm、厚度 0.005～0.006mm 的地膜覆盖垄面。垄面种植 2 行玉米，行距 50cm，株距 22～24cm，播种密度 6.75 万～9.0 万株/hm²。玉米半膜覆盖垄膜沟灌节水栽培模式及规格如图 6-2 所示。

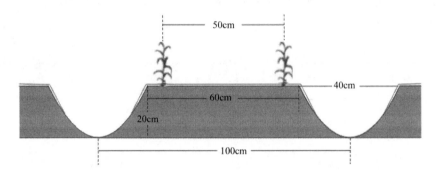

图 6-2　玉米半膜覆盖垄膜沟灌节水栽培技术种植模式示意图

（三）玉米豌豆垄膜沟灌间作技术

玉米豌豆垄膜沟灌间作技术采用宽窄行种植，于玉米播种前 5～7d 用玉米起垄覆膜机一次性完成起垄覆膜作业。起垄要求垄幅 120cm、垄面宽 60cm、垄沟宽 60cm、垄高 20cm，用幅宽 90cm、厚度 0.005～0.006mm 的地膜覆盖垄面。垄面种植 2 行玉米，行距 40cm，株距 22～24cm。垄沟内种植 3 行针叶豌豆，行距15cm。玉米豌豆垄膜沟灌间作技术种植模式及规格如图 6-3 所示。

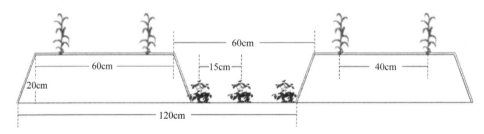

图 6-3　玉米豌豆垄膜沟灌间作技术种植模式示意图

二、产量和产量构成

（一）玉米全膜覆盖垄膜沟灌节水栽培技术

全膜覆盖垄膜沟灌栽培种植的玉米生长发育进程如表 6-1 所示。相比于平作条膜栽培玉米，全膜覆盖垄膜沟灌栽培种植的玉米出苗期提前 4d，拔节期提前 7d，吐丝期提前 10d，成熟期提前 13d。生育期的缩短和成熟期的提前，降低了早霜对春玉米正常成熟的风险，扩大了绿洲灌区春玉米的适种区域，为高海拔地区推广玉米生产提供支持。

表 6-1　全膜覆盖垄膜沟灌栽培对玉米生长发育进程的影响（月.日）

栽培方式	播种	出苗	拔节	大喇叭口	吐丝	成熟
全膜垄膜沟灌	4.19	5.1	5.22	6.15	7.7	9.17
平作条膜覆盖	4.19	5.5	5.29	6.23	7.17	9.30

全膜覆盖垄膜沟灌栽培种植的玉米产量如表 6-2 所示，在相同灌溉定额下，全膜覆盖垄膜沟灌栽培玉米产量均显著高于平作条膜覆盖栽培。与平作条膜覆盖栽培相比，增产 $1716.0 \sim 5540.5 kg/hm^2$，增产幅度达 $12.13\% \sim 64.72\%$，增产效应随灌溉定额增大逐渐降低，全膜覆盖垄膜沟灌栽培的产量优势在低灌溉定额下更加明显。

表 6-2　全膜覆盖垄膜沟灌栽培对玉米产量的影响

灌溉定额/mm	产量/（kg/hm²）		产量增减/（kg/hm²）	产量增减幅度/%
	全膜覆盖垄膜沟灌	平作条膜覆盖		
315	13 395.0	8 132.0	5 263.0	64.72
390	15 955.5	10 415.0	5 540.5	53.20
465	16 098.0	12 540.5	3 557.5	28.37
540	15 970.5	13 796.2	2 174.3	15.76
615	15 865.5	14 149.5	1 716.0	12.13

在武威市建成的 2 个技术示范区中玉米产量如表 6-3 所示，玉米全膜覆盖垄膜沟灌平均产量 $14\ 719.5 kg/hm^2$，较平作条膜覆盖平均增产 $1582.7 kg/hm^2$，平均节水 $2643.8 m^3/hm^2$，增产 12.05%，节水 37.76%。其中在技术示范推广过程中，创建出了一批高产典型（表 6-3），平均增产 $2635.0 kg/hm^2$，平均节水 $2592.0\ kg/hm^2$，增产 20.20%，节水 39.46%。

表 6-3　典型示范村玉米全膜覆盖垄膜沟灌节水增产效果

乡村名称	面积/hm²	产量/(kg/hm²)	对照产量/(kg/hm²)	增产/(kg/hm²)	增幅/%	节水/(m³/hm²)	节水率/%
凉州区丰乐镇沙滩村	0.306	15 387.5	12 989.0	2 398.5	18.47	2 150.0	31.85
民勤县三雷镇上雷村	0.28	16 001.0	13 107.6	2 893.4	22.07	3 075.0	41.00

(二)玉米半膜覆盖垄膜沟灌节水栽培技术

半膜覆盖垄膜沟灌栽培条件下,玉米产量变化如表 6-4 所示。玉米产量随灌溉定额的增加先增加后降低,当灌溉定额从 375mm 增加到 450mm 时,玉米产量显著增加,当灌溉定额超过 450mm 继续增大时,增加灌溉定额对玉米产量的影响不再显著。对照试验的平作条膜覆盖栽培条件下,玉米产量随灌溉定额的增加显著增加,在最高灌溉定额 600mm 时玉米产量最高,为 14 235.0kg/hm²。即在相同灌溉定额下,半膜覆盖垄膜沟灌栽培与平作条膜覆盖栽培玉米产量的差异达显著水平,半膜覆盖垄膜沟灌栽培玉米产量较平作条膜覆盖栽培增产 1517.3~3222.1kg/hm²,增产幅度达 10.66%~37.31%,增产效果随灌溉定额的增大逐渐减小。

表 6-4　半膜覆盖垄膜沟灌与平作条膜覆盖栽培玉米产量的比较

灌溉定额/mm	产量/(kg/hm²)		较平作条膜增产/(kg/hm²)	增幅/%
	垄膜沟灌	平作条膜		
375	11 856.6	8 634.5	3 222.1	37.31
450	15 846.1	13 326.8	2 519.2	18.90
525	16 085.0	13 745.6	2 339.4	17.02
600	15 752.3	14 235.0	1 517.3	10.66

在相同的灌溉定额下,与平作条膜覆盖栽培相比,半膜覆盖垄膜沟灌栽培有利于玉米千粒重增加(图 6-4),千粒重增加 10.5~71.8g,增幅 2.89%~25.10%,但当灌溉定额高于 5250m³/hm² 后,两种栽培方式下玉米千粒重差异不显著。玉米穗粒数变化表现出与千粒重数据相似的变化趋势(图 6-4),垄膜沟灌栽培玉米在不同灌溉定额下的穗粒数均高于平作栽培,穗粒数增加 2.6~63.1 粒,增幅 0.42%~15.53%,并随灌溉定额增加差异减小。千粒重和穗粒数的增加,是半膜覆盖垄膜沟灌栽培玉米增产的主要原因之一。

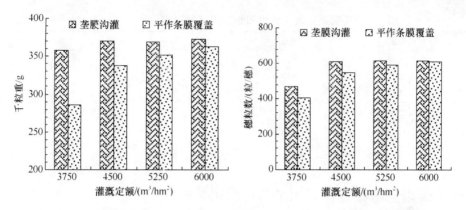

图 6-4 不同灌溉定额下半膜覆盖垄膜沟灌栽培对玉米千粒重和穗粒数的影响

在武威凉州区的半膜覆盖膜垄沟灌节水栽培技术示范区玉米产量统计结果如表 6-5 所示。示范区平均产量 15 663.1kg/hm²，较平作条膜覆盖平均增产 9.19%，节水 27.03%。其中在技术的示范推广过程中，创建出了新的高产典型，平均较平作条膜覆盖栽培增产18.98%，节水 32.77%。

表 6-5 典型示范村玉米半膜覆盖垄膜沟灌节水栽培技术节水增产效果

乡村名称	种植面积/hm²	产量/（kg/hm²）	对照产量/（kg/hm²）	增产/（kg/hm²）	增幅/%	节水/mm	节水率/%
凉州区永昌镇白云村	0.307	15 469.5	13 272.0	2 197.5	16.56	205.4	34.23
凉州区永丰镇沿沟村	0.427	15 550.5	13 062.0	2 488.5	19.05	211.5	35.25
凉州区永丰镇永丰村	0.280	16 047.0	13 156.5	2 890.5	21.97	262.5	29.17

（三）玉米豌豆垄膜沟灌间作技术

玉米豌豆垄膜沟灌间作的产量结果如表 6-6 所示，垄膜沟灌栽培条件下，豌豆单株粒数和百粒重比平作栽培减少 0.93 粒和 0.68g，导致豌豆产量比平作栽培减少 171.6kg/hm²，减幅 9.33%。与平作栽培相比，垄膜沟灌栽培玉米穗粒数增加 17.29 粒，千粒重增加 11.26g，使玉米产量增加 2371.2kg/hm²，增幅为 18.44%。由于垄膜沟灌栽培玉米显著的增产作用，玉米豌豆间作混合产量显著高于平作栽培，比平作栽培产量提高 2199.6kg/hm²，增幅 14.97%。与传统垄膜沟灌栽培技术相比，可多收豌豆 1600kg/hm²，玉米产量不减少。

表 6-6　玉米豌豆垄膜沟灌间作对产量的影响（单位：kg/hm²）

种植模式	豌豆	玉米	混合
垄作沟灌	1 667.6	15 227.7	16 895.3aA
平作栽培	1 839.2	12 856.5	14 695.7bB
产量增加	−171.6	2 371.2	2 199.6

注：同列中不同小写字母表示差异达到显著水平，$P < 0.05$；大写字母表示差异达到极显著水平，$P < 0.01$

第二节　水分利用与节水效果

一、玉米全膜覆盖垄膜沟灌节水栽培技术

全膜覆盖垄膜沟灌栽培对玉米水分利用效率的影响如表 6-7 所示，在相同灌溉定额下，全膜覆盖垄膜沟灌栽培玉米水分利用效率均高于平作条膜覆盖栽培，水分利用效率提高 1.75～7.67kg/（hm²·mm），增幅达 11.00%～61.21%。全膜覆盖垄膜沟灌栽培下，当灌溉定额超过 390mm 时，玉米产量变化不明显，玉米水分利用效率降低，表明灌溉定额超过 390mm 时，灌水对产量的贡献率开始下降。同时，全膜覆盖垄膜沟灌栽培灌溉定额为 390mm 的处理产量与平作条膜覆盖灌溉定额为 615mm 的处理产量相比，增加 12.76%，水分利用效率提高 38.94%。因此，灌溉定额为 390mm 时玉米可取得最大产量，是全膜覆盖垄膜沟灌栽培的适宜灌溉定额，与灌溉定额为 615mm 的平作条膜覆盖栽培相比，节水 225mm，节水效果显著。

表 6-7　全膜覆盖垄膜沟灌栽培对玉米水分利用效率的影响

灌溉定额/mm	产量/（kg/hm²）		耗水量/mm		水分利用效率/[kg/（hm²·mm）]	
	垄膜沟灌	平作条膜	垄膜沟灌	平作条膜	垄膜沟灌	平作条膜
315	13 395.0bB	8 132.0eD	663.0	648.9	20.20bB	12.53dC
390	15 955.5aA	10 415.0dC	721.3	715.0	22.12aA	14.57cB
465	16 098.0aA	12 540.5cB	792.1	852.2	20.32bB	14.72cB
540	15 970.5aA	13 796.2bA	837.8	839.3	18.88cC	16.43aA
615	15 865.5aA	14 149.5aA	897.9	888.9	17.67dD	15.92bA

注：同列中不同小写字母表示差异达到显著水平，$P < 0.05$；大写字母表示差异达到极显著水平，$P < 0.01$

二、玉米半膜覆盖垄膜沟灌节水栽培技术

半膜覆盖垄膜沟灌栽培对玉米水分利用效率的影响如表 6-8 所示。在相同灌

溉定额下，半膜覆盖垄膜沟灌栽培的玉米水分利用效率均显著高于平作条膜覆盖栽培，水分利用效率提高 $1.79 \sim 4.80$kg/（hm^2·mm），增幅达 $9.51\% \sim 32.72\%$。半膜覆盖垄膜沟灌栽培条件下，灌溉定额由 450mm 增大到 525mm，尽管玉米产量有所增加，但差异不显著，玉米水分利用效率降低，表明水分对产量的贡献率下降；当灌溉定额由 525mm 继续增大到 600mm 时，玉米产量降低。因此，可将 450mm 作为玉米半膜覆盖垄膜沟灌栽培的适宜灌溉定额，与灌溉定额为 600mm 的平作条膜覆盖栽培相比，玉米产量增加 1161.0kg/hm^2，增产 11.32%，水分利用效率提高 28.53%，节水 150mm，节水效果显著。

表 6-8　半膜覆盖垄膜沟灌与平作条膜覆盖栽培玉米水分利用效率的比较

灌溉定额/mm	产量/（kg/hm^2）		耗水量/mm		水分利用效率/[kg/（hm^2·mm）]	
	垄膜沟灌	平作条膜	垄膜沟灌	平作条膜	膜垄沟灌	平作条膜
375	11 856.0bB	8 634.5dC	608.9	588.70	19.47dD	14.67dC
450	15 846.0aA	13 326.8cB	655.1	641.50	24.19aA	20.77aA
525	16 085.0aA	13 745.6bAB	716.9	685.80	22.73bB	20.04bA
600	15 752.0aA	14 235.0aA	764.3	756.40	20.61cC	18.82cB

注：同列中不同小写字母表示差异达到显著水平，$P<0.05$；大写字母表示差异达到极显著水平，$P<0.01$

三、玉米豌豆垄膜沟灌间作技术

玉米豌豆垄膜沟灌间作的水分利用效率变化如表 6-9 所示。垄膜沟灌栽培生育期耗水量小于平作栽培，耗水量减少 126.8mm，为平作栽培的 83.35%，节水 16.65%，水分利用效率比平作栽培提高 7.32kg/（hm^2·mm），增幅 37.95%。因此，玉米豌豆间作采用垄膜沟灌能有效提高水分利用效率。

表 6-9　玉米豌豆垄膜沟灌间作对水分利用效率的影响

种植模式	灌水量/mm	耗水量/mm	产量/（kg/hm^2）	水分利用效率/[kg/（hm^2·mm）]
垄膜沟灌	405	635.0	16 895.3	26.61
平作栽培	525	761.8	14 695.7	19.29
增减	−120	−126.8	2 199.6	7.32

第三节　主要栽培技术

一、品种选择

在海拔低于 1700m 的地区，选用豫玉 22 号、陇单 4 号、奥瑞金等晚熟品种。在海拔 1700～2000m 的地区，选用沈单 16 号、郑单 958、金穗 1 号、金穗 2 号、张单 476 等中晚熟品种。豌豆品种选用陇豌 2 号。

播前对种子进行精选，选择籽粒饱满的种子，晒种 1～2d，以提高种子发芽力和发芽势。玉米种子选用"芽牌"等适宜包衣剂，按 1：50 的比例对种子进行包衣处理，并将包衣好的种子晾干。玉米种子如果没有包衣，选用 50%辛硫磷或40%甲基异柳磷等农药按种子重量的 0.2%拌种。豌豆播种前使用多菌灵拌种，用药量为种子量的 0.5%。由于陇豌 2 号的种子比较光滑，不易粘上多菌灵，拌种时先将 0.25kg 的食用油拌入种子中，再拌入多菌灵。

二、起垄覆膜与播种

起垄要求垄幅 100cm、垄面宽 60cm、垄沟宽 40cm、垄高 20cm，起垄后垄面要平整，无土块、草根等硬物。全膜覆盖垄膜沟灌技术用幅宽 140cm、厚度 0.005～0.006mm 的地膜覆盖垄面和垄沟，半膜覆盖垄膜沟灌技术用幅宽 90cm、厚度0.005～0.006mm 的地膜覆盖垄面。起垄覆膜后在膜面每隔 2m 左右压土腰带。玉米播种前 5～7d 用玉米起垄覆膜机一次性完成起垄覆膜作业。

在 4 月中旬、当 0～10cm 深度土壤温度稳定在 12℃以上时开始播种，播期以玉米出苗后能避开晚霜危害为宜。播种时，选择适宜穴播机，在垄面种植 2 行玉米，行距 50cm，株距根据选择的品种要求确定，一般为 22～24cm。每穴 2～3粒种子，播深 4～5cm。播种量为 52.5～67.5kg/hm²，播种密度 8.25 万～9.0 万株/hm²。

玉米豌豆垄膜沟灌间作技术起垄要求垄幅 120cm、垄面宽 60cm、垄沟宽60cm、垄高 20cm，用幅宽 90cm、厚度 0.005～0.006mm 的地膜覆盖垄面。垄面种植 2 行玉米，行距 40cm，株距 22～24cm。垄沟内种植 3 行针叶豌豆，行距 15cm，覆膜时应注意不要踩踏豌豆苗。于玉米播种前 5～7d 用玉米起垄覆膜机一次性完成起垄覆膜作业。

玉米在 5cm 深度土壤温度稳定高于 10℃时播种，河西地区多在 4 月 20 日左右进行,沿黄灌区多在 4 月 15 日左右进行。豌豆在当地气温稳定高于 2℃时播种,河西地区多在 3 月 20 日左右播种,沿黄灌区多在 3 月 15 日左右播种,尽量适期早播。玉米播种量 45～52.5kg/hm²,豌豆播种量 128～150kg/hm²。

三、灌溉定额与灌水时间

全膜覆盖垄膜沟灌栽培全生育期适宜灌水定额为 390～450mm,分 4～5 次灌水。在拔节期灌第一水,灌水量为 78mm;大喇叭口期灌第二水,灌水量为 78mm;吐丝期灌第三水,灌水量为 97.5mm;灌浆初期灌第四水（7 月中旬）,灌水量为 78mm;灌浆中后期灌五水,灌水量为 58.5mm。灌水时,水流强度不宜太大,小水慢灌,灌沟不漫垄。

半膜覆盖垄膜沟灌栽培全生育期适宜灌溉定额为 450～525mm,分 5～6 次灌水。在拔节期灌第一水,灌水量为 90mm;大喇叭口期灌第二水,灌水量为 90mm;抽雄后灌第三水,灌水量为 97.5mm;灌浆中期灌第四水,灌水量为 90mm;灌浆后期灌第五水,灌水量为 82.5mm。若土壤持水力差或玉米生长后期高温干旱严重,可增加一次灌水。将第五水灌水量调整为 90mm,第六水在 9 月上中旬灌溉,灌水量为 67.5mm。灌水时,水流强度不宜太大,小水慢灌,灌沟不漫垄。

玉米豌豆垄膜沟灌间作灌水以玉米为主。灌溉定额为 400～480mm,全生育期灌水 4～5 次。在拔节期灌第一水,大喇叭口期灌第二水,吐丝期灌第三水,灌浆初期灌第四水,灌浆中后期灌五水,灌水量分别为灌溉定额的 25%、20%、20%、20%和 15%。灌水时,水流强度不宜太大,小水慢灌,灌沟不漫垄。

四、施肥量与施肥方法

全膜覆盖垄膜沟灌栽培施农家肥 45 000～67 500kg/hm²,全部施作基肥。化肥施 N 240～300kg/hm²、P_2O_5 240～300kg/hm²。其中 P_2O_5 全部施作基肥,N 肥取 72～90kg/hm² 作基施,其余分 2 次进行追肥,在玉米拔节期结合头水追施 N 72～90kg/hm²,在大喇叭口期结合二水追施 N 96～120kg/hm²。基肥结合播前浅耕翻入土壤,追肥灌水前在垄沟内穴施于膜侧。

半膜覆盖垄膜沟灌栽培农家肥 45 000kg/hm²,全部施作基肥;化肥 N 240～300kg/hm²、P_2O_5 240～300kg/hm²,其中 P_2O_5 全部施作基肥,N 肥取 72～90kg/hm² 作基施,其余 72～90kg/hm² 在玉米拔节期结合头水追施,96～120kg/hm² 在大喇

叭口期结合二水追施。追肥采用穴施法于垄沟内膜侧。

玉米豌豆垄膜沟灌间作施肥以玉米为主。施农家肥 60 000～75 000kg/hm²，施化肥 N 240～300kg/hm²、P_2O_5 240～300kg/hm²。农家肥及磷肥全部作基肥，N 72～90kg/hm² 作基肥，于播种前施入土壤。玉米拔节期和大喇叭口期结合灌水分别追施 N 72～90kg/hm² 和 96～120kg/hm²。追肥采用穴施法施于玉米植株之间。

五、病虫害防治

（一）玉米主要病虫害

玉米主要病害是锈病、黑粉病，主要虫害是金针虫、地老虎、玉米螟、红蜘蛛。其防治方法如下。

黑粉病

玉米 3～4 叶期喷施 3000 倍 96%天达恶霉灵药液+600 倍"天达 2116"壮苗专用型药液，6～8 叶和 10～12 叶时喷洒 600 倍粮食专用型"天达 2116"药液。在玉米抽穗前 10d 左右用 50%福美双可湿性粉剂 500～800 倍喷雾。

锈病

发病初期，用 20%三唑酮乳油 1500 倍液、0.2 波美度的石硫合剂、25%粉锈宁可湿性粉剂 1000～1500 倍液或 12.5%速保利可湿性粉剂 3000～4000 倍液均匀喷雾 2～3 次，每次间隔 10d 左右。

金针虫

1）灌根：用 40%的乐果乳油或者是 48%的毒死蜱乳油 1000 倍液灌根；或用 50%的辛硫磷或 15%毒死蜱乳油 1000 倍液进行灌根。

2）施用毒土法：用 2.5%甲基异柳磷颗粒剂（地达）30～45kg/hm² 拌细土 300～375kg/hm²（或用 5%甲基毒死蜱颗粒剂 30～45kg/hm² 拌细土 375～450kg/hm²；或用地虫全杀 30kg 拌细土 300～375kg/hm²）撒于土表，然后灌水。

地老虎

在地老虎卵孵化盛期，用 40%甲基异柳磷、50%甲胺磷（或 40%水胺硫磷）1125g/hm²，兑水 1125kg 喷雾 1～2 次。

玉米螟

用生物制剂白僵菌 750g/hm² 制成毒砂或颗粒剂，在玉米大喇叭口期灌心，要求 1～2g/株。在玉米大喇叭口期，选用 1.5%辛硫磷（1：15），制成毒砂或颗粒剂，向玉米大喇叭口内撒施 1～2g/株。用 20%敌杀死乳油 300ml/hm^2，或 1605 乳油 750ml/hm^2 对准玉米喇叭口，向下喷雾防治。

红蜘蛛

用 1.8%的虫螨克星 30ml 或 40%的高渗丙辛 30ml，或 5%的甲基百虫清（二甲基二硫醚），或扫螨净 600g/hm^2 兑水 600kg 喷雾防治，注意把玉米植株上下部叶片以及叶片的正面背面都喷到。严重时每隔 7～10d 防治 1 次，连续防治 2 次。

（二）玉米主要杂草防除

在玉米生长过程中，可人工拔除或喷除草剂进行化学防除钻出地膜的杂草和垄沟内的杂草。人工拔除分别在玉米拔节期和大喇叭口期进行。化学除草时，防除阔叶杂草可用 2,4-D 丁酯 375ml/hm^2 兑水 600～750kg，在玉米 4～5 叶期杂草叶面喷雾。注意 2,4-D 丁酯浓度一定要严格掌握，切勿过量。

（三）豌豆主要病虫害防治

玉米主要病虫害防治方法参照玉米垄膜沟灌栽培技术。对豌豆危害最大的虫害是潜叶蝇和斑潜蝇。在 5 月初，及时察看豌豆生长状况，若发现下部叶片内有白色迂回虫道，要立即用 40%氧化乐果 1000 倍液、1.8%的阿维菌素 3000 倍液加 10%氯氰菊酯 2000 倍液、20%的阿维菌素 2000 倍液等药剂防治，喷药时间选在无风晴天 9:00～11:00、16:00～18:00，每隔 7～10d 喷洒一次，必须连续喷洒 2～3 次。

（四）田间管理

出苗后，需及时在田间巡查放苗，对缺苗要进行补苗。可选用早熟品种及时催芽补种，或结合间苗在苗多处带土挖苗，在缺苗处坐水补栽。在玉米 3～4 叶期，根据种植品种的特征特性进行田间去杂，在玉米 4～5 叶期进行定苗，定苗时留生长健壮的高大苗，拔除长势不好的弱苗、病苗，每穴留苗一株。如选择的品种易分蘖，在玉米拔节前后进行打杈，减少无效分蘖造成的地力消耗。

第七章 蔬菜和瓜类垄膜沟灌节水栽培技术

在垄作沟灌技术成功应用与麦类作物和玉米生产的基础上，进一步开展了马铃薯、油用向日葵、加工型甜椒、加工型番茄、洋葱、西瓜和甜瓜等作物垄膜沟灌节水栽培技术研究。试验示范结果表明，与传统平作栽培相比，采用垄膜沟灌栽培技术，使蔬菜和瓜类作物增产5.21%～32.45%，节水14.39%～40.97%，表现出了显著的节水增产效果。

第一节 马铃薯垄膜沟灌节水栽培技术

一、种植模式与规格

马铃薯垄膜沟灌栽培采用等行距起垄覆膜种植，可按先起垄播种后覆膜放苗或先起垄覆膜再打孔播种两种方式进行种植。前者按行距40cm开沟，沟深5～7cm，先播种种薯，然后覆土起垄覆膜，垄幅80cm、垄面宽50cm、垄沟宽30cm、垄高17～20cm，采用双行"品"字形种植，按行距放置种薯，行距40cm，株距28～37cm。后者先起垄覆膜，垄幅80cm、垄面宽50cm、垄沟宽30cm、垄高17～20cm，然后打孔播种，播深5～7cm。保苗67 500～90 000穴/hm²。马铃薯垄膜沟灌节水栽培技术种植模式及规格见图7-1。

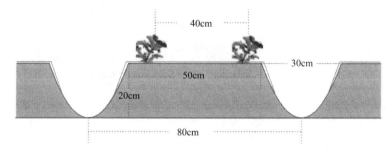

图7-1 马铃薯垄膜沟灌节水栽培技术种植模式示意图

二、节水增产效果

马铃薯采用垄膜沟灌栽培具有明显的节水增产效果。从表 7-1 看出，垄膜沟灌栽培对马铃薯产量及产量构成因素的影响显著大于平作。与平作栽培相比，垄膜沟灌栽培马铃薯每株块茎数减少 0.6 个，但每株块茎重增加 76.5g，使马铃薯产量增加 1871.0kg/hm²，增幅 33.49%。马铃薯垄膜沟灌栽培节水效果明显，生育期耗水量明显低于平作栽培，水分利用效率显著提高（表 7-1）。与平作栽培相比，马铃薯垄膜沟灌栽培耗水量是平作栽培的 82.86%，节水 100.85mm，节水率为 17.14%；水分利用效率提高 5.80kg/（hm²·mm），增加 61.05%。多点示范结果表明，与平作栽培相比，垄膜沟灌栽培马铃薯平均增产 17.3%～26.0%、节水 14.39%～32.61%。

表 7-1 马铃薯垄膜沟灌栽培的节水增产效果比较

种植方式	灌溉定额/mm	耗水量/mm	产量/（kg/hm²）	水分利用效率/[kg/（hm²·mm）]
垄膜沟灌	270	487.49	7457.6	15.30
平作栽培	345	588.34	5586.6	9.50

三、主要栽培技术

（一）品种及其薯块选择

根据气候条件，选择适宜生育期的高产优质抗病新品种，采用脱毒种薯播种。选用脱毒一级种播种时，薯块切块大小要均匀，避免感染病毒。

（二）种薯处理

播前 25～30d 出窖，放入室内近阳光处或室外背风向阳处平铺 2～3 层，种薯上下各铺 3～4 层细沙，温度保持 15～20℃，湿度保持在 75%～80%，夜间注意防寒，3～5d 翻动一次，均匀见光，进行催芽。在催芽过程中淘汰病薯和烂薯。

（三）起垄与覆膜

按种植规格起垄，要求垄面平整，无土块、草根等硬物。垄面压实后选用幅宽 90cm 的地膜（厚度 0.008mm）覆盖，地膜贴紧地面，两边压严，不要留有缝隙，以免被风刮走。杂草严重的地块，覆膜前应选用 50%乙草胺乳油 1500ml/hm²兑水 450kg/hm² 喷施垄面，然后再覆膜。

（四）施肥量与施肥方法

按测土配方施肥要求进行施肥，做到氮、磷、钾及微量元素合理搭配。一般施农家肥 30 000kg/hm²，全部作基肥，在播种前结合整地施入土壤。氮、磷、钾按 N：P_2O_5：K_2O=1：0.4：2.2 的配比在播种时施于两穴之间，现蕾期培土时，结合第一次灌水追施 N 142.5kg/hm²，并根据土壤肥力状况，适量增施微量元素。

（五）灌溉定额与灌水时间

马铃薯生育期灌溉定额一般为 270～375mm。全生育期灌水 3～5 次，分别于现蕾期始花期、盛花期、终花后灌溉。灌水要小水慢灌，注意不要漫垄，使灌溉水通过沟内侧渗进入垄体马铃薯生长带。

（六）田间管理

1. 及时放苗封口

当幼苗长出 1～2 片叶时，即可放苗。方法是对准幼苗的地方将地膜划一个"十"字形口把幼苗引出膜外，然后用细土封严幼苗周围地膜，以保温保墒。放苗应选晴天上午 10:00 以前或下午 4:00 以后，阴天可全天放苗。

2. 病虫害防治

坚持以农业防治和生物防治为核心，科学使用化学防治技术。农业防治以选用抗病品种、选用无病虫种薯、实行轮作制度、及时清除病苗和病叶为主。生物防治采用细菌、病毒制剂及农用抗生素、性诱剂等生物方法防治。化学防治根据病虫害的预测预报，农药用量依照 GB4285 农药安全使用标准进行，使用方法依照 GB/T8321 农药合理使用准则（所有部分）进行。采用高效、低毒、低残留农药，使用合理的方法和适用的器械进行防治。

3. 及时收获

当 2/3 的叶片变黄，植株开始枯萎时收获。收获前先清除地膜，收获时防止机械损伤，提高商品率，并对薯块按大小分级。

第二节　加工型甜椒垄膜沟灌节水栽培技术

一、种植模式与规格

加工型甜椒垄膜沟灌栽培采用宽窄行起垄覆膜种植。在加工甜椒移栽前开沟起垄，然后人工覆膜，要求垄幅100cm、垄面宽度60cm、垄沟宽40cm、垄高25cm，垄面平整后覆盖宽幅100cm地膜，垄沟用于灌水。垄面移栽两行加工型甜椒，采取双行"丁"字形定植，要求株距33～38cm，每穴定植2株。加工型甜椒垄膜沟灌节水栽培技术种植模式及规格见图7-2。

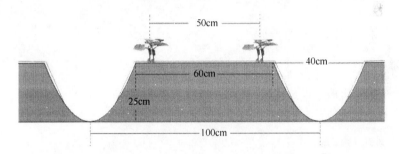

图7-2　加工型甜椒垄膜沟灌节水栽培技术种植模式示意图

二、节水增产效果

加工型甜椒垄膜沟灌栽培具有显著的增产效果。从表7-2看出，随着灌溉定额的增加，垄膜沟灌栽培和平作栽培条件下加工型甜椒的产量均随着增加。但当灌溉定额超过450mm后，垄膜沟灌栽培加工型甜椒的产量降低，而平作栽培加工型甜椒的产量明显增加。在相同灌溉定额下，加工型甜椒垄膜沟灌栽培后的产量均高于平作，较平作栽培增产1115.0～9343.7kg/hm²，增产幅度达2.05%～21.00%。灌溉定额为375mm的垄膜沟灌栽培处理与灌溉定额为450mm的平作栽培处理、灌溉定额为450mm的垄膜沟灌栽培处理与灌溉定额为525mm的平作栽培处理之间的加工型甜椒产量差异均不显著，表明加工型甜椒采用垄膜沟灌栽培后降低灌溉定额可取得与平作栽培相同的产量水平。在同一产量水平下，加工型甜椒采用垄膜沟灌栽培可节水75mm，节水效果十分显著。多点示范结果表明，与平作栽培相比，加工型甜椒垄膜沟灌栽培平均增产 12.28%～21.37%、节水18.14%～26.23%。

表 7-2　　加工型甜椒垄膜沟灌栽培的节水增产效果比较

灌溉定额/mm	产量/（kg/hm²）		增产/（kg/hm²）	增幅/%
	垄膜沟灌	平作栽培		
375	45 080.5	37 255.5	7 825.0	21.00
450	56 850.0	47 506.3	9 343.7	19.67
525	55 380.5	54 265.5	1 115.0	2.05

三、主要栽培技术

（一）品种选择与种苗准备

1. 品种选择

选择茄门甜椒、世纪甜椒王、河西甜椒 1 号等抗病、高产、优质、适合加工要求的大果型品种。

2. 浸种消毒与催芽

先将种子用清水预浸 4～5h，再用 1%硫酸铜溶液浸种 5min，或 10%的磷酸三钠水溶液浸种 20～30min，或 300 倍液的福尔马林和 1%的高锰酸钾溶液浸种20～30min，然后取出，用清水将种子冲洗干净。把浸好的种子用湿布包好放在25～30℃的条件下催芽至 50%以上的种子萌芽。

3. 育苗与炼苗

3 月上旬，选用多年未种过茄科类蔬菜和瓜类的肥沃园土 60%、腐熟有机肥30%、草木灰 10%混合过筛配制成床土，用 50%多菌灵可湿性粉剂与 50%福美双可湿性粉剂按 1∶1 混合，按每平方米用药 8～10g 与 15～30g 细土混合，播种时2/3 铺在床面，播种后 1/3 覆在种子上面，建好拱棚，扣棚升温。按 8cm×8cm 株行距均匀点播，每穴 2～3 粒，播种后均匀覆床土 1～1.5cm。2 叶 1 心时剪掉病苗、弱苗、小苗及杂苗。

定植前 12～14d，加大通风量和延长通风时间，定植前 7d 应逐渐加大温差，进行炼苗，使小苗充分适应外界环境，提高移栽后的成活率。

（二）起垄覆膜与定植

加工型甜椒移栽前 5～7d 开沟起垄，然后人工覆膜，要求垄幅 100cm、垄面宽 65～70cm、垄沟宽 30～35cm、垄高 20～25cm，垄面覆幅宽为 100cm 的地膜，覆膜后地膜贴紧地面，两边压严，每隔 2～3m 打一土带。

在 5 月上中旬，采取双行"丁"字形进行定植，尽量避免最后一次晚霜对植株产生冻害。定植时垄面移栽两行加工型甜椒，要求株距 33～38cm，每穴定植 2 株。定植后及时灌水缓苗。

（三）施肥量与施肥方法

结合浅耕基施高温腐熟农家肥 75 000～90 000kg/hm^2，化肥 N180kg/hm^2、P$_2$O$_5$ 90kg/hm^2、K$_2$O 135kg/hm^2。生育期追肥 2 次，第一次在开花初期进行，追施化肥 N 210kg/hm^2、K$_2$O 135kg/hm^2；第二次在结果盛期进行，追施化肥 N 210kg/hm^2。

（四）灌溉定额与灌水时间

生育期灌溉定额为 420～540mm，灌溉次数 5～6 次。头水在定植后进行，灌水定额为 1200～1350m^3/hm^2。若大气干旱严重，在开花前 2～3d 灌第二水（若土壤墒情较好，可不灌），灌水定额 67.5～750mm；门椒坐果后灌三水，灌溉定额 82.5～90mm；门椒采摘后灌四水，灌水定额 75～82.5mm；间隔 15d 灌五水，灌水定额 67.5～75mm；五水后 20d 灌六水，灌水定额 75～82.5mm，灌水时切忌漫垄。

（五）田间管理

1. 补苗与植株调整

定植后，田间发现移栽幼苗没有成活而出现空穴时，及时进行补栽。及时抹去门椒以下所有腋芽及分枝，摘除病、老、黄叶，结果期要适当顺果，减少分枝夹伤果实。

2. 整枝疏果

坐果前，将门椒和门椒以下的侧枝全部去掉，并及时清除植株底部黄叶、病叶和弱枝，疏掉畸形果和弱小果。

3. 主要病虫害防治

加工型甜椒的主要病害有疫病、白粉病、病毒病、炭疽病和日灼病；主要虫害是蚜虫、白粉虱和红蜘蛛等。疫病发病初期及时用 50%的甲霜铜可湿性粉剂 800倍液、72.2%普力克水剂 600～800 倍液喷洒和灌根。中后期用 25%的瑞毒霉可湿性粉剂 40g 加 80%的代森锌可湿性粉剂 80g，兑水 65kg 进行喷雾。软腐病喷洒 72%的农用链霉素可湿性粉剂 4000 倍液，或新植霉素 4000 倍液，或 77%可杀得可湿性微粒粉剂 500 倍液进行防治。灰霉病用 50%的多菌灵可湿性粉剂 1000 倍液加 50%的扑海因可湿性粉剂 2000 倍液配成药液 50L 进行喷雾，或 10%的双效灵水剂 200～250g 兑水 40～50kg 进行喷雾，每隔 5～7d 一次，连续喷 3～4 次。白粉病用 50%的硫悬浮剂 300 倍液，或用 70%甲基托布津可湿性粉剂 700 倍液进行喷雾。病毒病选用病毒 A 可湿性粉剂 500 倍液、1.5%植病灵 II 号乳剂 1000 倍液、5%的百菌清水剂 200～300 倍液进行叶面喷雾。

4. 适时采收

根据市场行情和脱水厂的需求，门椒采摘在花谢后 20～25d 进行，青椒及时分期分批采收，减轻植株负担，提高产量。红椒以 80%果实变红为适宜采收期，要求果色红艳，有光泽、硬度强。

第三节　加工型番茄垄膜沟灌节水栽培技术

一、种植模式与规格

加工型番茄垄膜沟灌栽培采用宽窄行起垄覆膜种植。在加工番茄播种前开沟起垄，然后人工覆膜，或采用起垄覆膜机一次性完成起垄覆膜作业。要求垄幅 100cm、垄面宽 60cm、垄沟宽 40cm、垄高 25cm，垄面平整后覆盖宽幅 100cm 地膜，垄沟用于灌水。垄面种植两行加工型番茄，采取双行"丁"字形定植，要求行距 50cm，株距 40～45cm，每穴定植 2 株。加工型番茄垄膜沟灌节水栽培技术种植模式及规格见图 7-3。

二、节水增产效果

加工型番茄采用垄膜沟灌栽培具有明显的节水增产效果。从表 7-3 看出，垄

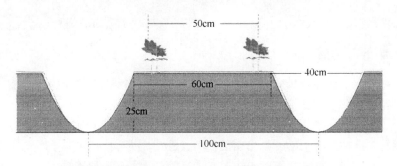

图 7-3　加工型番茄垄膜沟灌节水栽培技术种植模式示意图

表 7-3　加工型番茄垄膜沟灌栽培的节水增产效果比较

灌溉定额/mm	产量/（t/hm²）		耗水量/mm		水分利用效率/[kg/（hm²·mm）]	
	垄膜沟灌	平作栽培	垄膜沟灌	平作栽培	垄膜沟灌	平作栽培
120	79.6	60.1	245.6	261.4	324.1	229.9
195	98.4	82.7	317.8	325.7	309.6	253.9
270	106.7	91.2	389.7	406.8	273.8	224.2
345	118.2	100.4	448.6	460.1	263.5	218.2

膜沟灌栽培对加工型番茄产量和水分利用效率的影响显著大于平作栽培。相同灌溉定额下，与平作栽培相比，垄膜沟灌栽培使产量增加 17.8～19.5t/hm²，增幅 17.73%～32.45%。水分利用效率提高 94.2～45.3kg/（hm²·mm），增幅 20.76%～40.97%。灌溉定额降低，节水增产效果更加显著。多点示范结果表明，与平作栽培相比，垄膜沟灌栽培加工型番茄平均增产 8.92%～24.19%，节水 21.22%～25.38%。

三、主要栽培技术

（一）品种选择与种子准备

根据具体上市时期和栽培时间选择格尔 87-5 、石红 2 号、祁连巨峰 198 等生长势强、易坐果、抗病、优质、高产、耐贮运、商品性好的品种。播种前用 55℃左右温水浸泡种子 10min，当水温降至 20～30℃时浸 3h，捞出放入 10% Na_3PO_4（防治番茄病毒病）溶液中泡 20min，捞出后再用清水反复冲洗 3～5 次，最后放入 20～30℃的温水中浸泡 4～6h。将浸种后的种子放在 25～30℃下催芽，每天用

25℃温水淘洗种子一次，2～3d 出芽，50%～70%种子露白后播种。

（二）育苗与炼苗

3 月中旬，选择避风向阳、光照充足、未种过茄科作物的地块做苗床。按每平方米苗床施优质农家肥 10kg、$(NH_4)_2PO_4$ 100g、敌克松 2g 拌沙撒匀，翻 15cm 深耙平、压实，并搭建好拱棚，扣棚升温。当气温稳定通过 12℃时，将处理好的种子播种，播种量为 15g/m^2。出苗后，注意通风，以防徒长。第一片真叶长出时，进行第一次间苗，第二片真叶长出时，进行第二次间苗。如墒情差，宜小水浅灌，水漫过地即可。移苗前逐渐增加育苗棚放风次数，进行炼苗。

（三）起垄覆膜与播种

于番茄移栽前 5～7d，用起垄覆膜机一次性完成起垄覆膜，或用畜力开沟起垄，然后人工覆膜。要求垄幅 100cm、垄面宽 65～70cm、垄沟宽 30～35cm、垄高 18～20cm，垄面覆幅宽为 90cm 的地膜，覆膜后地膜贴紧地面，两边压严，每隔 2～3m 打一土带。

播种分移栽和直播两种。移栽在 5 月初进行，尽量避免最后一次晚霜对植株产生的冻害，垄面移栽两行加工型番茄，要求行距 50cm，株距 40～45cm。直播在 4 中下旬 10cm 土层土壤温度稳定通过 12℃后进行。直播时先用简易打点器打点，确定株距，然后垄面膜上开穴点种，要求行距 50cm，株距 40～45cm，播深 2～3cm，播后用细砂土覆盖膜孔，并立即灌水。

（四）施肥量与施肥方法

结合浅耕基施高温腐熟农家肥 60 000～75 000kg/hm^2，化肥 N 75～120kg/hm^2、P_2O_5 172.5kg/hm^2、K_2O 150kg/hm^2。在开花期结合头水追施 N 82.5～97.5kg/hm^2、K_2O 60kg/hm^2，第一次采摘果实后，追施 N 48～60kg/hm^2。

（五）灌溉定额与灌水时间

灌水在定植前和定植后进行。直播栽培生育期灌溉定额为 420～465mm，育苗移栽生育期灌溉定额为 525～570mm，生育期灌水 5～6 次。灌水要小水慢灌，切忌漫垄造成果实溃烂。

在定植前，直播加工型番茄在播种后灌水 1 次，灌水定额 120～135mm。育苗移栽加工型番茄在栽苗后连续灌水 2 次，灌水定额为 105～120mm，灌水间隔

4～6d。

在定植后灌水 4 次。第一次在开花期进行灌溉，灌水定额 82.5～90mm；第二次在果齐后进行灌溉，灌水定额 75～90mm；第三次在盛果期进行灌溉，灌水定额 67.5～82.5mm；第四次在采摘后进行灌溉，灌水定额 75～82.5mm。

（六）田间管理

1. 植株调整

植株调整包括插架、吊蔓、摘心和打底叶等。当第一果穗开花后，用尼龙绳吊蔓或用细竹竿进行吊蔓、插架，防止倒秧。并及时剪除老化、黄化叶片，以使通风透光好。当最顶层果穗开花时，留 2～3 片叶子掐心，保留其上的侧枝。第一穗果绿熟期后，及时摘除枯黄有病斑的叶子和老叶。

2. 病虫害防治

加工型番茄的主要病害是早疫病、晚疫病、脐腐病、病毒病和叶霉病。脐腐病可选用抗病品种、采用地膜覆盖栽培、配方施肥技术、增施尿素钙或者硝酸钙、使用遮阳网覆盖和用0.2%脐腐灵等进行综合防治。猝倒与立枯病用 58%瑞毒霉可湿性粉剂 500 倍液、64%杀毒矾可湿性粉剂 500 倍液防治。晚疫病用 25%瑞毒霉可湿性粉剂 800～1000 倍液、75%百菌清可湿性粉剂 500 倍液、72.2%普力克水剂 800 倍液、72%克露可湿性粉剂 500～600 倍液、64%杀毒矾可湿性粉剂 500 倍液防治。灰霉病用 50%扑海因可湿性粉剂 1500 倍液、50%福美双可湿性粉剂 500～600 倍液防治。叶霉病用 80%代森锰锌可湿性粉剂 500 倍液、5%加瑞农粉尘剂、6.5%甲霉灵超细粉尘剂或 10%敌托粉尘剂，交替施用防治。病毒病发病初期喷洒 20%病毒 A 可湿性粉剂 500 倍液、抗毒剂 200～300 倍液、1.5%植病灵Ⅱ号乳剂 1000 倍液防治。

第四节　洋葱垄膜沟灌节水栽培技术

一、种植模式与规格

洋葱垄膜沟灌栽培采用四轮拖拉机牵引起垄覆膜机，一次完成起垄和覆膜。要求垄幅80cm、垄面宽 55cm、垄沟宽 25cm、垄高 20cm，使用幅宽 90cm 的地膜覆盖垄面。垄上种 4 行洋葱，行距 15cm，边行洋葱与垄边的距离为 5cm，株距 15cm，播深 2～3cm。采用人工穴播方式点播，每穴点播 3～5 粒，播种量 6～9kg/hm²。洋葱垄膜沟灌节水栽培技术种植模式及规格见图 7-4。

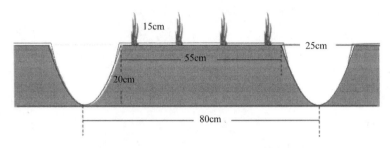

图 7-4　洋葱垄膜沟灌节水栽培技术种植模式示意图

二、增产效果

分析洋葱产量和灌水效益（表7-4）看出，随着灌溉定额的增加，垄膜沟灌洋葱产量增加，但灌溉定额 500mm 和 550mm 之间差异不显著，平作覆膜洋葱产量明显增加。而洋葱灌水利用效率则表现出先增加后减小的变化趋势。

表 7-4　洋葱垄膜沟灌栽培的节水增产效果比较

灌溉定额/mm	产量/（×10²kg/hm²）		灌水利用效率/[kg/（hm²·mm）]	
	垄膜沟灌	平作覆膜	垄膜沟灌	平作覆膜
450	91.2	86.6	202.7	192.4
500	104.5	98.3	209.0	196.6
550	106.4	105.8	193.5	192.4

三、主要栽培技术

（一）品种选择与种子准备

选用紫星、黄玉葱等优质、抗病、高产的品种。播种前选择籽粒饱满的良种，用 50℃温水浸种 10min，或用 40%福尔马林 300 倍液浸种 3h 后，用清水冲洗干净；或用 0.3%的 35%甲霜灵拌种剂拌种。

（二）起垄覆膜与播种

采用四轮拖拉机牵引起垄覆膜机，使用 90cm 地膜，起垄和覆膜一次完成。在起垄过程中应注意避免行走弯曲，造成起垄不直。要求垄幅 80cm、垄面宽 55cm、垄沟宽 25cm、垄高 20cm。起垄覆膜完成后对垄面及时进行镇压，以防跑墒。

洋葱的定植期应严格按照当地温度条件确定，一般在 3 月下旬或 4 月上旬。播种量根据不同品种特性调整，一般为 6～9kg/hm²。采用人工穴播方式点播，垄上种 4 行洋葱，行距 15cm，株距 15cm，边行洋葱与垄边的距离为 5cm，每穴点播 3～5 粒，播深 2～3cm。播种后及时覆盖压实地膜播种孔，以防跑墒。

（三）施肥量与施肥方法

基施农家肥 60 000～75 000kg/hm²，化肥 P_2O_5 120～165kg/hm²。农家肥在整地前均匀撒施，随整地施入土壤中。化肥在播种前人工均匀撒施，起垄播种时随起垄翻埋于垄体中。根据土壤肥力和生长状况分期追肥。幼苗期时随水追施尿素 75～112.5kg/hm²。植株进入叶旺盛生长期进行第二次追肥，追施尿素、硫酸钾各 75～112.5kg/hm²。鳞茎膨大期是追肥的关键时期，一般需追肥 2 次，间隔 20d 左右。每次随水追施尿素、硫酸钾各 75～112.5kg/hm²，或氮、磷、钾三元复合肥 150kg/hm²。

（四）灌溉定额与灌水时间

灌水量每次以 82.5～105mm 为宜。前期一般 7～10d 浇 1 次水。鳞茎膨大期增加灌水次数，一般 6～8d 浇 1 次水。收获前 8～10d 停止灌水。灌水时，小水慢灌，要防止漫垄。

（五）病虫害防治

洋葱主要病害是紫斑病、锈病、霜霉病和灰霉病，主要虫害是葱蓟马、葱蝇和葱斑潜蝇。紫斑病用 50%异菌脲可湿性粉剂 1500 倍液，于发病初期喷雾防治；锈病用15%三唑酮可湿性粉剂 1500～2000 倍液，于发病初期喷雾防治；霜霉病用 70%代森锰锌可湿性粉剂 500 倍液，于发病初期喷雾防治；灰霉病用50%腐霉利可湿性粉剂 1000 倍液，于发病初期喷雾防治；葱蓟马用 10%吡虫啉可湿性粉剂 2000～2500 倍液喷雾防治；葱蝇用 50%辛硫磷乳油 1000～1500 倍液，于成虫发病初盛期喷雾；葱斑潜蝇用 1.8%阿维菌素乳油 2000～3000 倍液，于成虫发生初盛期喷雾防治。

（六）收获

8 月至 9 月下旬，当洋葱基部第一、第二片叶子变黄，假茎变软并开始倒伏，即鳞茎成熟标志，应及时收获。洋葱鳞茎出土后，晾晒 2～3d 即可上市或在阴凉通风处保存。

第五节　油葵垄膜沟灌节水栽培技术

一、种植模式与规格

油葵垄膜沟灌栽培采用宽窄行起垄覆膜种植。先开沟起垄，然后人工覆膜。或采用起垄覆膜机一次性完成起垄覆膜作业。要求垄幅100cm、垄面宽60cm、垄沟宽 40cm、垄高 20cm，用幅宽 90cm、厚度 0.008mm 的地膜覆盖垄面。垄面种植 2 行油葵，行距 50cm，株距 22～24cm，播种密度为 8.25 万～9.0 万株/hm^2，播种量为 6.0～7.5kg/hm^2。油葵垄膜沟灌节水栽培技术种植模式及规格见图 7-5。

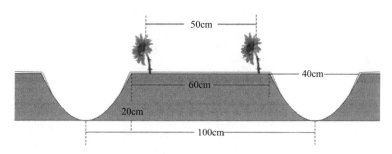

图 7-5　油葵垄膜沟灌节水栽培技术种植模式示意图

二、节水增产效果

从表 7-5 看出，垄膜沟灌栽培油葵产量明显高于平作。与平作栽培相比，油葵盘粒数增加 68.69 个，产量增加 877.4kg/hm^2，增幅为 13.22%。垄膜沟灌栽培油葵生育期耗水量减少，为平作栽培的94.13%，耗水量降低 35.5mm，节水 5.86%；水分利用效率比平作栽培提高2.23kg/（hm^2·mm），增幅 20.35%。多点示范结果表明，垄膜沟灌栽培油葵较平作栽培增产 6.11%～7.86%，节水 24.45%～30.17%，节水增产效果显著。

表 7-5 油葵垄膜沟灌栽培的节水增产效果比较

种植模式	灌溉定额/mm	耗水量/mm	产量/（kg/hm²）	水分利用效率/[kg/（hm²·mm）]
垄膜沟灌	270	570.05	7516.2cC	13.19dD
平作栽培	315	605.55	6638.8dC	10.96eE

注：同列中不同小写字母表示差异达到显著水平，$P<0.05$；大写字母表示差异达到极显著水平，$P<0.01$

三、主要栽培技术

（一）品种选择与种子准备

品种选用陇葵杂 1 号和法 A15 等品种。播前晒种 1～2d，以提高种子发芽力和发芽势。采用种子量 0.2%～0.3%的 40%菌核净可湿性粉剂拌种，可有效防治菌核病的发生。

（二）起垄覆膜与播种

按照油葵垄膜沟灌栽培模式规格，于油葵播种前 5～7d 用起垄覆膜机一次性完成起垄覆膜作业。起垄要求垄幅 100cm、垄面宽 60cm、垄沟宽 40cm、垄高 20cm，起垄后垄面平整，无土块、草根等硬物，用幅宽 90cm、厚度 0.008mm 的地膜覆盖垄面，并在膜面每隔 200cm 左右压一土带。

在 4 月上中旬，地表气温稳定通过 10℃，5cm 深土层 4～5d 地温稳定在 8～10℃时可播种。播种量 6.0～7.5kg/hm²，播种密度 8.25 万～9.0 万株/hm²。根据品种种植规格，选择适宜穴播机，调整好下籽量，每穴 2～3 粒种子，播深 3～5cm。播种时注意要经常检查播种机，避免泥土堵塞穴播机的下籽口而影响播种质量。

（三）施肥量与施肥方法

基施农肥 45 000kg/hm²，化肥 N 75～90kg/hm²、P₂O₅ 120～150 kg/hm²，于播前一次性施入。在油葵现蕾期结合头水追施化肥 N 120～135 kg/hm²、K₂O 45～60 kg/hm²。追肥穴施于垄沟内膜侧。

（四）灌溉定额与灌水时间

生育期灌溉定额为 180～255mm，全生育期灌水 3 次。油葵现蕾期灌水量为 90mm，开花期灌水量为 90mm，灌浆期灌水量为 75mm。灌水时小水慢灌，防止漫垄。

（五）田间管理

1. 查苗与定苗

出苗后，田间逐行检查，及时放苗，对缺苗要及时进行补苗。可选用早熟品种及时催芽补种，或结合间苗在苗多处带土挖苗，在缺苗处坐水补栽。根据油葵种植品种的特征特性，在 2～3 对真叶时结合中耕除草进行田间去杂定苗，定苗时留生长健壮的高大苗，拔除长势不好的弱苗、病苗，每穴留苗 1 株。

2. 辅助授粉

油葵是虫媒异花授粉作物，花粉粒重，不易随风飘移，主要是依赖昆虫传粉，在花期可适当放蜂，进行虫媒授粉。在盛花期可进行人工授粉，方法是将相邻的两个花盘相互轻按即可，每隔 1～2d 进行一次，连续进行 2～3 次。时间为上午 9:00～12:00 或下午 3:00～6:00。

3. 病虫草害防治

覆膜前用 48%地乐胺（仲丁灵）乳油 2250ml/hm² 兑水 450kg 喷洒于水沟塘面防除杂草，并及时覆盖地膜，并结合间定苗除净播种穴内的杂草。

油葵虫害主要有地老虎、潜叶蝇和向日葵螟等。地老虎用 50%辛硫磷乳油 15kg/hm² 加水 30～45kg，掺 150kg 细沙土，在耕地后耙糖前撒入地块即可；潜叶蝇用 1.8%阿维菌素乳油 2500 倍液进行叶面喷雾防治，也可用黑光灯、糖醋液等来诱杀成虫；向日葵螟在开花前后喷乐斯本、速灭杀丁、氯氰菊酯等防治，喷施的部位以花盘为主。

油葵病害主要有霜霉病、菌核病和黄萎病等。霜霉病在苗期或成株期发病后，喷洒 58%甲霜灵锰锌可湿性粉剂 1000 倍液、64%杀毒矾可湿性粉剂 800 倍液、25%甲霜灵可湿性粉剂 800～1000 倍液防治；菌核病在发病初期用速克灵或菌核净可湿性粉剂 30 克兑水 15kg 逐株灌根，每隔 7～10d 灌根一次。黄萎病用 30%土菌消毒剂 1000 倍液、3.2%恶甲水剂 300 倍液或 20%萎锈灵乳油 400 倍液灌根，每株灌兑好的药液 400～500ml。

4. 适时收获

90%以上的花盘背面变黄,苞叶变褐,茎秆黄老,种皮形成该品种特有色泽,籽粒变硬时收获,收后及时脱粒晾晒,切忌堆在一起,以防霉烂。当籽粒含水量降至12%以下时入库保藏。

第六节　西瓜、甜瓜垄膜沟灌节水栽培技术

一、西瓜垄膜沟灌种植模式与节水增产效果

西瓜播种前,用开沟机开沟起垄,要求垄幅250cm、垄面宽180cm、垄沟宽70cm、垄高30cm,用幅宽140cm、厚度0.008mm的地膜覆盖垄沟和沟两侧垄面。在垄侧膜下种植2行西瓜,株距45～50cm,密度1.6万～1.7万株/hm²,播种穴距垄边缘15～20cm。在膜面打孔,孔深4～5cm。然后人工点播,每穴1～2粒种子。试验示范结果表明,西瓜和甜瓜增产5.21%～8.15%、节水25%～33%。西瓜垄膜沟灌节水栽培技术种植模式及规格见图7-6。

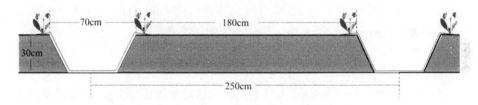

图7-6　西瓜垄膜沟灌节水栽培技术种植模式示意图

二、甜瓜垄膜沟灌种植模式与节水增产效果

西瓜播种前,用开沟机开沟起垄,要求垄幅200cm、垄面宽180cm、垄沟宽70cm,垄高30cm,用幅宽140cm、厚度0.008mm的地膜覆盖沟和沟两侧垄面。在垄侧膜下种植2行甜瓜,株距45～50cm,穴距垄边缘15～20cm,播种密度2.0万～2.2万株/hm²。在膜面打孔,孔深4～5cm。然后人工点播,每穴1～2粒种子。试验示范结果表明,西瓜和甜瓜增产4.61%～7.25%、节水20%～30%。甜瓜垄膜沟灌节水栽培技术种植模式及规格见图7-7。

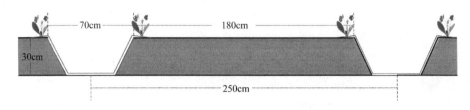

图 7-7　甜瓜垄膜沟灌节水栽培技术种植模式示意图

三、西瓜垄膜沟灌主要栽培技术

（一）品种选择与种子准备

选用西农 8 号和高抗冠龙等抗病、耐寒和品质符合市场消费需求的品种。播前对种子进行精选，选择籽粒饱满的种子，晒种 1～2d，以提高种子发芽力和发芽势。然后选用 50%的多菌灵可湿性粉剂 600 倍液浸种 30min，再用清水冲洗晾干。

（二）起垄覆膜与播种

于西瓜播种前 5～7d 用开沟机开沟，开沟要求垄面宽 180cm、垄沟宽 70cm、垄高 30cm，垄面平整，无土块、草根等硬物，垄宽均匀一致，水沟两侧面及沟底平整。用幅宽 140cm、厚度 0.008mm 的地膜覆盖垄沟和沟两侧垄面，并在沟内膜面均匀撒土压膜。

在 4 月下旬，当 5～10cm 土层土壤温度稳定在 12℃以上时开始播种，播期以西瓜出苗后能避开晚霜危害为宜。在垄侧膜下种植 2 行西瓜，株距 45～50cm，密度 1.6 万～1.7 万株/hm²，播种穴距垄边缘 15～20cm。根据株距调整打孔机打孔间距，在膜面打孔，孔深 4～5cm。然后人工点播，每穴 1～2 粒种子，播后先用细沙覆盖，再用土封严膜孔。

（三）施肥量与施肥方法

基施农家肥 45 000～60 000kg/hm²，化肥 N 100～120kg/hm²、P_2O_5 12～16kg/hm²、K_2O 85～112kg/hm²，于播前结合浅耕条施。追肥均随同灌水穴施，在苗期追施 N 20～24kg/hm²，在伸蔓期追施 N 40～48kg/hm²；在膨果期追施 N 40～48kg/hm²。

（四）灌溉定额与灌水时间

生育期间灌溉定额为 269～305mm。覆膜前灌水 45mm，灌水后晾晒 2～3d。苗期灌头水，灌水量为 40～45mm；开花至坐果期灌第二水，灌水量为 27～30mm；膨瓜期每 10～15d 灌水一次，每次灌水量为 35～40mm；成熟前灌最后一次水，灌水量为 27～30mm。灌水时，入沟流量不宜太大，以不漫垄为宜。

（五）田间管理

1. 苗期管理

出苗前，检查盖膜孔的土是否出现板结，如有板结，要及时破除。地膜若被撕烂或被风刮起，要及时用土压严。出苗后，田间逐行检查并放苗，对缺苗要及时进行补苗。

2. 整枝摘心

在坐瓜前后抓紧时间整枝打顶，控制枝蔓生长，促进坐瓜。整枝采用二蔓式整枝法。主蔓 4～5 叶时留 3 叶摘心，摘除第一条子蔓。当子蔓长到 20～30cm 时，摘除第一条孙蔓；当子蔓长到 10～12 片叶时摘心打顶，孙蔓不摘心，留其有结实花的孙蔓，摘除无结实花的孙蔓。整枝摘心必须及时，而且要连续进行，不能延误，一直到瓜坐定后进入膨大期方可停止。整枝摘心应在午后进行，防止枝、叶折断，注意不要碰伤幼瓜。

3. 定瓜

幼瓜长到鸡蛋大小时定瓜，每株留 1 个瓜，选瓜形整齐、美观、无病伤、个体较大的瓜每株留 1 个瓜，其余全部摘除。选留的瓜应留第二或第三条子蔓中部的第二或第三条孙蔓上结的瓜。选留的瓜要放顺放好，不要使瓜蔓压在瓜上。

4. 病虫害防治

西瓜生育期内主要病虫害有枯萎病、炭疽病、病毒病、猝倒病、蔓枯病、霜霉病和瓜蚜。炭疽病用 50%多菌灵可湿性粉剂 500 倍液和 70%甲基托布津可湿性粉剂 800 倍液灌根、80%代森锰锌可湿性粉剂喷雾防治；病毒病用 10%吡虫啉可湿性粉剂 2500～3000 倍液、2.5%联苯菊酯乳油 1000～2000 倍液和 2.5%氯氟氰菊酯乳油 1000～2000 倍液喷雾防治；蔓枯病用 64%杀毒矾 M8 可湿性粉剂 500～

600 倍液和 72.2%普力克水剂 800 倍液喷雾防治；霜霉病用 80%代森锰锌可湿性粉剂 500 倍液、69%安克锰锌水分散粒剂 1000～1200 倍液和 65%甲霜灵可湿性粉剂 1000 倍液喷雾防治；瓜蚜用 40%氰戊菊酯乳油 6000 倍液喷雾防治。

5. 采收

当果皮颜色变深、果柄绒毛脱落、着瓜节位卷须干枯、用手敲击作嘭嘭响时，为成熟瓜，即可采收。采收时间宜选择晴天下午进行，不采雨水瓜和露水瓜，久雨初晴不宜采瓜。采收时轻拿轻放，减少机械损伤。

四、甜瓜垄膜沟灌主要栽培技术

(一) 品种选择与种子准备

选用银帝、银峰等抗病、耐寒、品质好、符合市场消费需求的品种。播前对种子进行精选，选择籽粒饱满的种子，晒种 1～2d，以提高种子发芽力和发芽势。然后选用 50%的多菌灵可湿性粉剂 600 倍液浸种 30min，再用清水冲洗晾干。

(二) 起垄覆膜与播种

于甜瓜播种前 5～7d 用开沟机开沟，开沟要求垄面宽 180cm、垄沟宽 70cm、垄高 30cm，垄面平整，无土块、草根等硬物，垄宽均匀一致，水沟两侧面及沟底平整。用幅宽 140cm、厚度 0.008mm 的地膜覆盖垄沟和沟两侧垄面，并在沟内膜面均匀撒土压膜。

在 4 月下旬，当 5～10cm 土层地温稳定在 12℃以上时开始播种，播期以甜瓜出苗后能避开晚霜危害为宜。在垄侧膜下种植 2 行甜瓜，株距 45～50cm，密度 2.0 万～2.2 万株/hm^2，播种穴距垄边缘 15～20cm。根据株距调整打孔机打孔间距，在膜面打孔，孔深 4～5cm。然后人工点播，每穴 1～2 粒种子，播后先用细沙覆盖，再用土封严膜孔。

(三) 施肥量与施肥方法

基施农家肥 45 000～60 000kg/hm^2，化肥 N 100～120kg/hm^2、P$_2$O$_5$ 12～16kg/hm^2、K$_2$O 85～112kg/hm^2，于播前结合浅耕条施。追肥均随同灌水穴施，在苗期追施 N 20～24kg/hm^2，在伸蔓期追施 N 40～48kg/hm^2 在膨果期追施 N 40～

$48kg/hm^2$。

（四）灌溉定额与灌水时间

生育期灌溉定额为 269～305mm。覆膜前灌水 45mm，灌水后晾晒 2～3d。苗期灌头水，灌水量为 40～45mm；开花至坐果期灌第二水，灌水量为 27～30mm；膨瓜期 10～15d 灌水一次，每次灌水量为 35～40mm；至成熟前灌最后一次水，灌水量为 27～30mm。灌水时，入沟流量不宜太大，以不漫垄为宜。

（五）田间管理

1. 苗期管理

出苗前，检查盖膜孔的土是否出现板结，如有板结，要及时破除。地膜若被撕烂或被风刮起，要及时用土压严。出苗后，田间逐行检查并放苗，对缺苗要及时进行补苗。具体做法是选用早熟品种催芽补种，或结合间苗在苗多处带土挖苗，在缺苗处坐水补栽。

2. 整枝摘心

在开花期，坐瓜前后抓紧时间整枝打顶，控制枝蔓生长，促进坐瓜。整枝采用二蔓式整枝法。主蔓 4～5 叶时留 3 叶摘心，摘除第一条子蔓；当子蔓长到 20～30cm 时，摘除第一条孙蔓。当子蔓长到 10～12 片叶时摘心打顶，孙蔓不摘心，留其有结实花的孙蔓，摘除无结实花的孙蔓。整枝摘心必须及时，而且要连续进行，不能延误，一直到瓜坐定后进入膨大期方可停止。整枝摘心应在午后进行，防止枝、叶折断，注意不要碰伤幼瓜。

3. 定瓜

幼瓜长到鸡蛋大小时定瓜，选瓜形整齐、美观、无病伤、个体较大的瓜，每株留 1 个，其余全部摘除。选留的瓜应留第二或第三条子蔓中部的第二或第三条孙蔓上结的瓜。选留的瓜要放顺放好，不要使瓜蔓压在瓜上。

4. 病虫害防治

甜瓜生育期内主要病虫害有白粉病、枯萎病、炭疽病、病毒病、猝倒病、蔓枯病、霜霉病、瓜蚜、黄守瓜、白粉虱和红蜘蛛等。白粉病用 20%粉锈宁乳油 2000 倍液喷雾防治；枯萎病用 50%多菌灵可湿性粉剂 500 倍液和 70%甲基托布津可湿性粉剂 800 倍液灌根防治；炭疽病用 70%甲基托布津可湿性粉剂 500 倍液喷雾防治；病毒病用 10%吡虫啉可湿性粉剂 2500～3000 倍液、2.5%联苯菊酯乳油 1000～2000 倍液和 2.5%氯氟氰菊酯乳油 1000～2000 倍液喷雾防治；蔓枯病用 64%杀毒矾 M8 可湿性粉剂 500～600 倍液和 72.2%普力克水剂 800 倍液喷雾防治；霜霉病用 80%代森锰锌可湿性粉剂 500 倍液、69%安克锰锌水分散粒剂 1000～1200 倍液和 65%甲霜灵可湿性粉剂 1000 倍液喷雾防治；白粉虱和红蜘蛛用 1.8%阿维菌素乳油喷雾防治；瓜蚜用 40%氰戊菊酯乳油 6000 倍液喷雾防治。

5. 采收

果皮颜色充分表现出该品种特征特性，瓜柄附近茸毛脱落，瓜顶脐部开始变软，果蒂周围形成离层产生裂纹时即可采收，采收时注意留下 10～15cm 的蔓与果柄。

第八章 垄作沟灌配套农机具研制与应用

垄作沟灌节水栽培技术具有显著的节水增产效果，是一项具有广阔应用前景的栽培新技术。但由于传统农机具的设计结构与功能不能适应垄作沟灌技术的要求，大大限制了这项技术在灌区的大面积示范推广。为此，在引进相关农机具的基础上，设计改造和研制出了麦类作物垄作播种机、固定道垄作免耕播种机和玉米起垄覆膜机等系列新型机具，可一次性完成开沟、起垄、播种、镇压和覆膜等作业工序，降低了生产成本，提高了工作效率。

第一节 麦类作物垄作沟灌配套机型与工作原理

一、2BFL-4 麦类作物垄作播种机

（一）结构与工作原理

2BFL-4 麦类作物垄作播种机适用于小麦和啤酒大麦等麦类作物垄作沟灌栽培的起垄及播种作业，主要由机架、起垄犁、筑垄镇压器、播种开沟器和驱动轮等组成，其结构简图如图 8-1 所示。

机具与拖拉机采用三点悬挂连接，配套动力为 13.2～13.4kW 小四轮拖拉机。机具牵引行进过程中由起垄犁开沟起土，筑垄镇压器压实土壤和成型垄体，调节手柄控制播种量，燕尾式播种开沟器调节播种深度。种子由驱动轮通过传动链条带动排种器，均匀播入垄床。后置式单面清沟铲将沟内余土拨入梯形修垄器进行垄体修整，限深轮调整垄体高度。该机结构紧凑简单，播种可靠，可确保播种质量，提高出苗率。2BFL-4 麦类作物垄作播种机的主要技术参数见表 8-1。

（二）主要工作部件的设计

1. 机架

该机具采用了方管焊接的整体机架，改变了以前的分体式机架，进而简化了

传动装置及结构，减轻了机具重量，降低了成本，提高了机具的通过性。

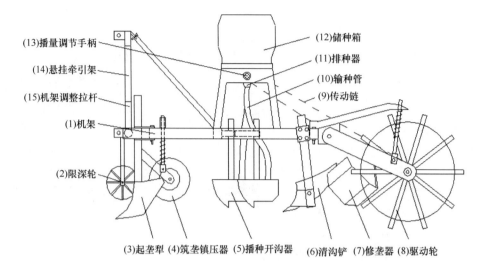

(13)播量调节手柄　　　　　　　　　　　　　　(12)储种箱
(14)悬挂牵引架　　　　　　　　　　　　　　　(11)排种器
(15)机架调整拉杆　　　　　　　　　　　　　　(10)输种管
　　　　　　　　　　　　　　　　　　　　　　(9)传动链
(1)机架
(2)限深轮

(3)起垄犁　(4)筑垄镇压器　(5)播种开沟器　(6)清沟铲　(7)修垄器　(8)驱动轮

图 8-1　2BFL-4 麦类作物垄作播种机结构简图

表 8-1　2BFL-4 麦类作物垄作播种机的主要技术参数

项目	参数	项目	参数
外形尺寸（长×宽×高）/mm	1800×1050×980	垄高/mm	180～200
整机质量/kg	75	工作行数/行	4
配套动力/kW	13.2～13.4	行距/mm	130～150 可调
工作幅宽/mm	750～800	播种深度/mm	30～50
垄面宽/mm	450～500	链轮传动比	1∶1.54
垄沟宽/mm	250～300	作业效率/（hm²/h）	0.20～0.26

2. 播种开沟器

开沟器是垄作播种机的关键部件，必须具有足够的入土能力。小麦属于密植植物，行距小，需采用垂直分施，为了提高防堵能力，选用尖角型开沟器（图 8-2）。尖角型开沟器具有易入土、回土性能良好、排种可靠性强等优点，同时其前刀刃入土部分较窄，因此工作时只疏松播行上的土壤，对土壤的扰动很小，减小了动力的消耗。

开沟器上调节螺母可以调整分施间距，开沟器横向采用一前一后的错位布置，且平行的左右翼板后上部为向后外的抛物线曲面，有效提高了排种时的防堵塞能力，保证排种顺畅。

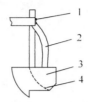

图 8-2　播种开沟器结构简图
1. 调节螺母；2. 排种管；3. 播种开沟器；4. 挡土板

3. 起垄犁

在播种作业中，起垄犁对保证播种质量、降低拖拉机的动力消耗、提高作物出苗质量以及作物生长等有很大的影响。起垄犁的结构简图如图 8-3 所示。

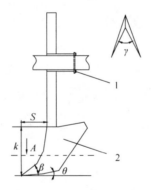

图 8-3　起垄犁结构简图
1. 调节螺母；2. 起垄犁

起垄犁的入土隙角 θ

起垄犁的入土隙角 θ 为地面与铲的底面的夹角。它的大小关系到犁的入土难易程度，太小的入土隙角 θ 使犁的摩擦阻力增加，铲底磨损加剧，入土能力变差；太大的入土隙角 θ 使土壤过早的回落和造成沟底不平。故合理的入土隙角 θ 对起垄犁的设计显得尤为重要，一般取入土隙角 θ 为 5°～10°。

起垄犁铲尖张角 γ

起垄犁的铲尖张角 γ 的大小直接关系到机具的行驶阻力和起垄高度。太大的铲尖张角 γ 使土块、杂草和秸秆等不易经过，降低了机具的通过性；太小的铲尖

张角 γ 使机具不能形成有效的垄形。一般取铲尖张角 γ 为 20°。

起垄犁入土角 β

起垄犁入土角 β 为水平面与犁工作面之间的夹角。机具在工作过程中，起垄犁入土角 β 值越小，铲柄上面的秸秆杂草越容易滑动，但是在 k 值不变的情况下，β 越小，S 值越大，从而使整机纵向尺寸增大，重心后移，影响播种机的悬挂性能；β 太大使起垄的土层抬高，甚至翻土，不利于保墒。合理的起垄犁入土角 β 能有效地保证起垄的高度。一般取入土角 β 为 35°。

修垄器和清沟铲

麦类作物播种时，土壤温度低，解冻层较浅，若采用圆盘式修垄器不易入土，难以形成理想的垄形。本机具采用修垄器和清沟铲配套作业，修垄器装有压力调节弹簧能有效保证修垄器时刻触地。机具运行时入土量小，行驶阻力小，提高了修过地面的平整度，能有效地减少土壤中的空隙和水分的蒸发，可使土壤与种子紧密接触，有利于种子发芽和生长，同时能增加垄边行覆土的效果，使灌溉水更容易测渗到垄沟中。

清沟铲在翻土时，切出如图 8-4 所示断面的土垡。图中 x 为翻土宽度，y 为翻土深度。为了避免产生回垡和立垡现象，由经验数据取稳定翻垡的条件为宽深比 $\lambda = \dfrac{x}{y} > 1.27$，得到覆土角 δ 满足条件：$\delta = \arcsin < 52°$。选取铲的参数为宽 x=35mm，深 y=27mm，宽深比 λ=1.3，δ=50°。

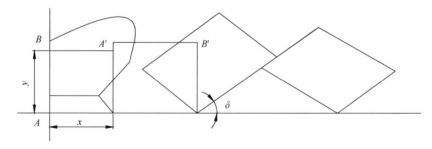

图 8-4　翻垡示意图

如图 8-5 所示，碎土角是指碎土曲线上任意一点所作切线与沟底的夹角 α。根据碎土角 α 随高度变化情况可判断每一碎土曲线的碎土性能，其值随高度的增大而增加，此值越大，则碎土性能越好。

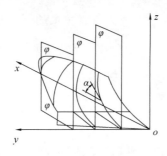

图 8-5　碎土角 α

（三）主要技术特点

2BFL-4 麦类作物垄作播种机研制成功后，通过田间试验及具体使用过程中易出现的问题，通过不断调试与改进，机具的工作性能逐渐稳定，播种质量不断提高，可按技术标准一次性完成春小麦和啤酒大麦等麦类作物的起垄与播种作业。机具主要技术特点如下。

1）增加了播种行数。2BFL-4 麦类垄作播种机去掉了施肥功能，改进了播种机的排种器，增设了一行排种管，增大了播种量的调整范围，播种量调整范围从 $10\sim20kg/hm^2$ 增大至 $10\sim40kg/hm^2$，使机具能适应垄面种植 4 行小麦及啤酒大麦的要求。这一设计充分考虑到灌区麦类作物分蘖成穗率低、播种量大、密植栽培的特点，提高并优化了机具的田间实际操作性能。

2）重新设计排种管的敷设位置。2BFL-4 麦类垄作播种机由传统的撒种后起垄改为先起垄再播种、镇压和修垄，使播种时中间两行的播种深度由不可调变为可调，优化了播种效果，提高了播种质量。

3）改进了排种管和开沟器。对排种管与储种箱的连接部进行了改造，解决了播种过程中种子外溢的问题。对播种开沟器进行了改进，解决了播种时出现的泥土堵塞下籽口、种子在排种管中淤积的问题，提高了播种质量。

4）增设了垄面镇压器。垄面镇压器增强了播种后的镇压保墒效果，有利于提高播种质量。

5）增设了限深轮。限深轮对起垄高度有了可靠保障，使播种更加规范，促进了垄作栽培技术优势的充分发挥。

通过以上改进，2BFL-4 麦类作物垄作播种机能够满足春小麦和啤酒大麦等密植作物的垄作沟灌栽培技术要求，作业后垄幅750mm、垄面宽500mm、垄高200mm、垄沟宽250mm，开沟、起垄、播种、镇压等作业工序一次性完成，为春小麦和啤酒大麦等麦类作物垄作沟灌技术的大面积推广应用提供了强有力的机具支撑。

二、2BFL-6 麦类作物垄作播种机

(一)结构与工作原理

2BFL-6 麦类作物垄作播种机是在 2BFL-4 麦类作物垄作播种机的基础上研制而成，适用于小麦和啤酒大麦等麦类作物垄作沟灌栽培的起垄和播种作业，主要由机架、起垄犁、筑垄镇压器、开沟器、施肥器和驱动轮等组成，其结构简图如图 8-6 所示。

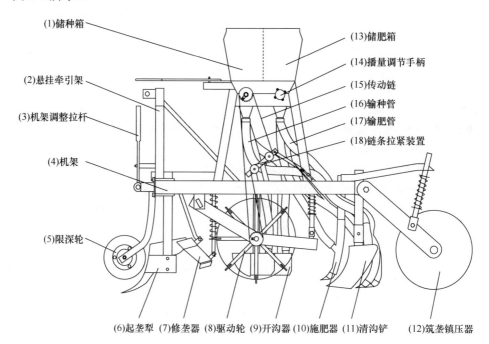

图 8-6 2BFL-6 麦类作物垄作播种机结构简图

与 2BFL-4 麦类作物垄作播种机的工作原理相似，垄作播种机与拖拉机采用三点悬挂连接，配套动力为 13.4~14.7kW 小四轮拖拉机。通过起垄犁成垄，驱动轮通过链条传动机构带动排种机构实施排种，排下的种子经输种管进入开沟器，依次落入土壤沟槽中。同时，带动施肥机构施肥，肥料通过输肥管进入施肥器，

依次落入土壤沟槽中。可以通过开沟器和施肥器上的调节螺母调整种肥垂直分施的间距，修垄器对垄进行覆土和平整垄形，完成麦类作物垄作播种施肥工作。与2BFL-4 麦类作物垄作播种机不同的是，2BFL-6 麦类作物垄作播种机在两边沟内各增加 1 行小麦，由 4 行小麦变为 6 行小麦。2BFL-6 麦类作物垄作播种机的主要技术参数见表 8-2。

表 8-2　2BFL-6 麦类作物垄作播种机的主要技术参数

项目	参数	项目	参数
外形尺寸（长×宽×高）/mm	1800×1000×1210	垄高/mm	180～200
整机质量/kg	75	工作行数/行	4～6
配套动力/kW	13.2～14.7	行距/mm	140 可调
工作幅宽/mm	750～800	播种深度/mm	30～50
垄面宽/mm	450～500	链轮传动比	1：1
垄沟宽/mm	250～300	作业效率/（hm²/h）	0.20～0.33

（二）主要工作部件的设计

2BFL-6 麦类作物垄作播种机的主要工作部件包括机架、播种开沟器、起垄犁、修垄器和清沟铲等，各部件设计参数与 2BFL-4 麦类作物垄作播种机相同。机具整体机架采用方管焊接，播种开沟器选用尖角型开沟器，开沟器横向一前一后错位布置，平行的左右翼板后上部改为向后外的抛物线曲面，修垄器和清沟铲配套作业，且修垄器装有压力调节弹簧能有效保证修垄器时刻触地。在播种作业中，为保证播种质量和降低拖拉机的动力消耗，起垄犁的入土隙角 θ 为 5°～10°，起垄犁铲尖张角 γ 为 20°，起垄犁入土角 β 为 35°。

（三）主要技术特点

与 2BFL-4 麦类作物垄作播种机相比，2BFL-6 麦类作物垄作播种机驱动轮前置，整机长度缩短，机身更加紧凑，减少了作业时的地头剩余，降低了调头时播种机对拖拉机的向上张力，提高了作业的安全性和有效性。同时，2BFL-6 麦类作物垄作播种机在两侧开沟器下面各增设 1 个播种器，可在垄上种植 4 行作物的情况下在沟内各种植 1 行作物（可调），增加了麦类作物的播种密度，保证了麦类作物的产量。

第二节 玉米垄膜沟灌配套机型与工作原理

一、BMF-2 玉米起垄覆膜机

（一）结构与工作原理

BMF-2 起垄覆膜机适用于大田玉米和制种玉米等稀植作物半膜覆盖条件下垄膜沟灌栽培的起垄和覆膜作业。该机具主要由机架、起垄犁、垄面镇压辊、开沟器、压膜辊、压膜轮和覆土圆盘等组成，其结构简图如图 8-7 所示。

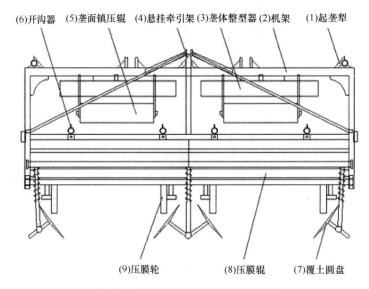

图 8-7　BMF-2 起垄覆膜机结构简图

BMF-2 起垄覆膜机可按照玉米、制种玉米等作物半膜覆盖垄膜沟灌栽培技术要求一次性完成开沟、起垄、镇压和覆膜作业，配套动力为 18.4～22.1kW 拖拉机。在工作过程中，先将膜卷装在挂膜辊上，然后将膜卷的自由端埋在土壤中。在被牵引行进过程中，起垄犁开沟起垄，垄体整型器刮平垄面，镇压辊对垄面进行镇压。开沟器在垄底开出压膜沟，压膜辊沿前进方向紧贴垄面张紧展平地膜，压膜轮及时将膜边压入埋膜沟内，覆土圆盘拨土覆膜。该机具单次作业可完成两垄起垄覆膜，作业效率为 60～75hm²/h。工作幅宽 2000mm，作业后垄幅 1000mm、垄面宽

600mm、垄沟宽 400mm、垄高 180～200mm，适应地膜幅宽 900～1000mm。该机设计结构简单，操作方便，通过性好。BMF-2 起垄覆膜机的主要技术参数见表 8-3。

表 8-3　BMF-2 起垄覆膜机的主要技术参数

项目	参数	项目	参数
外形尺寸（长×宽×高）/mm	2120×1200×800	垄高/mm	180～200
整机质量/kg	150	工作行数/行	2
配套动力/kW	18.4～22.1	行距/mm	500
工作幅宽/mm	2000	链轮传动比	1∶1
垄面宽/mm	600	作业效率/（hm²/h）	0.26～0.33
垄沟宽/mm	400	适应地膜幅宽/mm	900～1000

（二）主要工作部件的设计

1. 机架

机架是起垄覆膜机的主体，机具上所有的工作部件都与机架相连接。机架采用了方管焊接的整体机架，结构简单，减轻了机具重量，降低了成本。

2. 起垄装置

起垄装置由 3 个起垄犁、2 个垄体成型器和 2 个垄面镇压辊组成。作业时通过起垄犁起垄，垄体成型器把两边的土集种到中间，由垄面镇压器将土压实、压平进而形成完整的垄。起垄效果的好坏是影响铺膜质量的关键，根据起垄装置的设计要求，垄体成型器采用弹簧调节拉杆，有效保证对垄体的修正和机具的通过性。开沟器对垄的两侧开出埋膜沟和对垄体进行修正。该机具的开沟器采用横向和纵向都可调的设计，可以满足对垄体高度和宽度的不同要求。

3. 铺膜装置

铺膜装置是由挂膜架、压膜辊、压膜轮和覆土圆盘组成。压膜辊靠自身重量和机具前进时的牵引力使膜纵向延伸并拉紧；配置在膜架后方左右两侧的四个压膜轮将膜两侧的边缘部分拉紧，完成横向拉紧。为了满足使用需求，压膜轮设计成其转角和间距均可调，起到导向、支撑和调节机架高度的作用；覆土器采用圆盘覆土形式，以提高机具的作业性能，间距可根据采光面宽度的需求调整，角度可按要求的覆土量来调整。

（三）主要技术特点

BMF-2 起垄覆膜机针对玉米、制种玉米垄膜沟灌节水栽培技术应用过程中存在的覆膜费工和起垄费时等问题研制。BMF-2 起垄覆膜机具有以下特点。

1）设计了全新的地膜悬挂器的敷设位置，缩短了机身长度，优化了作业性能和作业效果。

2）增设了镇压辊，改起垄后直接覆膜为先镇压后覆膜。

3）加宽了机架，增设了开沟犁、整垄器、地膜悬挂器和覆土轮，拖拉机作业为 1 次起 2 垄。

4）适合 25hp 以上拖拉机作业。

改进完成的 BFM-2 玉米/制种玉米起垄覆膜机，能按玉米和制种玉米垄膜沟灌栽培的种植要求，一次性完成开沟、起垄、镇压和覆膜作业，起垄覆膜规范。起垄覆膜后垄面平整，压膜严实，垄体具有一定的压实度，增强了起垄后的保墒效果，提高了播种质量，起垄覆膜工作效率大幅度提高，降低了生产成本。

二、BFM-1 玉米起垄覆膜机

（一）结构与工作原理

BMF-1 起垄覆膜机适用于大田玉米和制种玉米等稀植作物全膜覆盖条件下垄膜沟灌栽培的起垄和覆膜作业，主要由机架、起垄犁、压膜轮、覆土铲和膜下化学除草装置等组成。膜下化学除草装置由农药储液桶、进液阀、出液过滤器、注气嘴和喷头组成，其结构简图如图 8-8 所示。

BMF-1 起垄覆膜机可按照玉米、制种玉米等作物全膜覆盖垄膜沟灌栽培技术要求一次性完成开沟、起垄、镇压、覆膜和膜下化学除草等作业，配套动力为 13.2～18.4kW 小四轮拖拉机。在工作过程中，先将膜卷装在挂膜辊上，然后将膜卷的自由端埋在土壤中。牵引机具行进过程中，拨土铲向内翻土，两边的起垄犁二次开沟起垄，垄体整型器对垄体刮平、整形和压实。同时，拖拉机刹车气泵为储液桶提供压缩空气，药液通过出液过滤装置进入输液管，由喷头向垄面喷洒除草剂。埋膜开沟器在沟底开出压膜沟，覆膜辊对地膜紧贴垄面纵向张紧，压膜轮将膜边及时导入压膜沟，覆土铲拨土压膜，覆土压实轮将封膜土压实，完成覆膜作业。

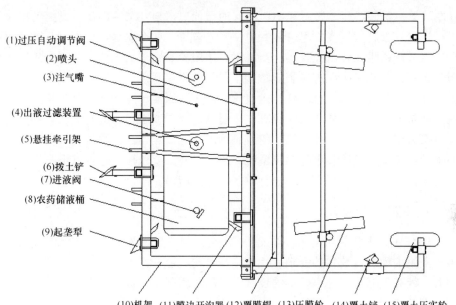

(1)过压自动调节阀
(2)喷头
(3)注气嘴
(4)出液过滤装置
(5)悬挂牵引架
(6)拨土铲
(7)进液阀
(8)农药储液桶
(9)起垄犁

(10)机架　(11)膜边开沟器　(12)覆膜辊　(13)压膜轮　(14)覆土铲　(15)覆土压实轮

图 8-8　BMF-1 起垄覆膜机结构简图

BMF-1 起垄覆膜机单次作业可完成一垄，作业效率为 0.16～0.2hm²/h。工作幅宽 1200mm，作业后垄幅 1000mm、垄面宽 600cm、垄沟宽 400mm、垄高 180～200mm，适应地膜幅宽 1100～1200mm。BMF-1 起垄覆膜机的主要技术参数见表 8-4。

表 8-4　BMF-1 起垄覆膜机的主要技术参数

项目	参数	项目	参数
外形尺寸（长×宽×高）/mm	2120×1200×800	垄高/mm	180～200
整机质量/kg	140	工作行数/行	1
配套动力/kW	13.2～18.4	行距/mm	500
工作幅宽/mm	1200	链轮传动比	1∶1
垄面宽/mm	600	作业效率/（hm²/h）	0.16～0.20
垄沟宽/mm	400	适应地膜幅宽/mm	1100～1200

（二）主要工作部件的设计

BMF-1 起垄覆膜机主要工作部件包括机架、起垄装置、铺膜装置和膜下化学除草装置。机架、起垄装置和铺膜装置的设计要求与 BMF-2 起垄覆膜机相同。机架采用方管整体焊接。起垄装置由 2 个起垄犁、1 个垄体成型器、1 个垄面镇压轮组成。铺膜装置由挂膜架、压膜辊、压膜轮和覆土器组成。与 BMF-2 起垄覆膜机相比，BMF-1 起垄覆膜机增加了膜下化学除草装置。膜下化学除草装置由膜下化学除草装置农药储液桶、进液阀、出液过滤器、注气嘴、喷头和过压自动调节阀组成。在垄体整型器完成对垄体刮平、整形和压实的同时，依靠拖拉机刹车气泵为储液桶提供压缩空气，药液通过出液过滤装置进入输液管，由喷头向垄面喷洒除草剂，紧接着进行地膜覆盖，达到好的除草效果。也可以根据当地病虫害发生情况，加入新型农药，进行膜下病虫害防治。

（三）主要技术特点

BMF-1 起垄覆膜机适合小型拖拉机牵引，可按照玉米和制种玉米等作物全膜覆盖垄膜沟灌栽培技术的要求一次性完成开沟、起垄、镇压、喷药和覆膜等作业。同时，针对膜下草害危害严重的现状，增加了膜下化学除草装置，实现了膜下草害的有效防治，进一步降低了成本。

第三节　固定道垄作沟灌配套机型与工作原理

一、结构与工作原理

2BFML-5 型固定道垄作免耕播种机可按照固定道垄作沟灌栽培技术的要求一次性完成修垄、镇压和播种等作业。该机具主要由机架、基肥箱、开沟器、传动链轮、地轮、镇压轮和修垄犁等组成，配套动力为 20kW 小四轮拖拉机。种子和肥料分施开沟器由导肥管、导种管、开沟器和连接板构成；开沟器由尖角形锄铲和导肥管组成；导肥管、导种管由联接板连接，联接板焊接在导肥管上，连接板上开有长孔可以调节种肥分施的间距。2BFML-5 型固定道垄作免耕播种机结构简图如图 8-9 所示。

2BFML-5 型固定道垄作免耕播种机与拖拉机采用三点悬挂连接。作业时，通过地轮带动传动链轮驱动外槽轮式排种、排肥装置。种子和肥料通过导种管和导肥管落入开沟器所开的沟内。开沟器上调整螺母可以调整种子、肥料垂直分施的间距。修垄犁对边行进行覆土和修垄，最后镇压轮进行镇压，使种子和土壤充分接触，有利于种子出苗。2BFML-5 型固定垄免耕播种机主要技术参数如表 8-5 所示。

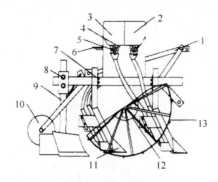

图 8-9　2BFML-5 型固定道垄作免耕播种结构简图

1. 悬挂架；2. 肥箱；3. 种箱；4. 种刷；5. 排种轮；6. 播种量调节杆；7. 开沟深度调节螺钉；8. 修垄犁
调节螺钉；9. 修垄犁；10. 镇压轮；11. 开沟器；12. 传动链轮；13. 地轮

表 8-5　2BFML-5 型固定垄免耕播种机的主要技术参数

项目	参数
外形尺寸（长×宽×高）/ mm	1100×1100×1280
整机质量/kg	180
配套动力/kW	20
工作幅宽/mm	1 000
工作行数/行	5
行距/mm	140
播种深度/mm	50（可调）
施肥深度/mm	120（可调）
种肥分施间距/mm	60
链轮传动比	1：2.5

二、主要工作部件的设计

（一）开沟器

2BFML-5 型固定道垄作免耕播种机要实现免耕条件下直接开沟播种，垄上作物根茬和秸秆覆盖较多，要求开沟器作业时土壤不进行翻耕破碎土壤。开沟器除满足播种质量的要求外，还必须最低程度扰动土壤，故 β 角不宜过大，以免翻土过多。综合考虑开沟深度、播种时种子和肥料分施的间距和减小阻力需要，取入土角 $\beta=35°$。入土隙角 θ 为铲面底面与地面之间的夹角，过小使入土性能变差，增加摩擦阻力，加速底边磨损；过大易造成土壤提前回落，并且容易使沟底不平。综合考虑，设计入土隙角 $\theta=8°$。铲尖张角 γ 过大，杂草、土粒和残茬等不易沿刃口滑过，容易发生缠草、黏土和堵土；过小使切断草根的能力减弱，一般 γ 角取 20°（图 8-10）。

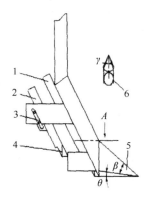

图 8-10　开沟器结构简图
1. 导肥管；2. 导种管；3. 调节螺母；4. 散种板；5. 开沟器；6. 挡土板

（二）修垄犁

修垄犁主要由犁壁、犁铧、挡土板组成（图 8-11）。犁体的翻土曲线和碎土曲线设计按照技术要求所设计，以达到最好翻土覆盖和修垄作用。修垄犁位于镇压轮之前，在播种机左右两侧分别安装，挡土板用于防止翻土后垄边的碎土滑落垄沟中，通过调节螺母可以调节犁体翻土深度。

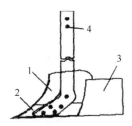

图 8-11　修垄犁简图
1. 犁壁；2. 犁铧；3. 挡土板；4. 调节螺钉

三、主要技术特点

（一）多项改进保证播种机的通过性

根据固定道垄作沟灌技术的要求，拖拉机轮距要与垄幅匹配，配套设计的播种机要求在垄上进行免耕播种。考虑到上茬作物种植过程中，由于人工作业、机器作业、风吹雨淋和垄沟中灌水对原垄的破坏，为确保播种质量，设计了修垄装置对垄进行了修复。为了保证机具在秸秆覆盖的茬地有良好的通过性，开沟器采用前三后二的排列方式，这样加大了相邻开沟器间的间距，保证了播种机的通过性。

（二）实现种子和肥料的分施

固定道垄作沟灌技术要求播种机在垄上进行免耕播种，基肥只能在播种时同时施入。为避免肥料烧伤种子，种子和肥料之间必须隔开 40mm 以上的距离。对小麦等密植作物，由于播种行距小，种子和肥料实行了垂直分施。设计的尖角式锄铲开沟器具有入土能力强、结构简单、价格低廉、开沟动土量小、可以自动回土等特点，能够满足当地农艺的要求。

（三）采用修垄犁修垄，有利于灌溉水侧渗垄中

在春小麦播种时，垄沟秸秆覆盖较多，解冻层较浅，土壤较湿，采用修垄犁可解决修垄圆盘修垄不易入土、动土量少和修垄高度不够等问题。修垄犁利用垄侧面和垄沟解冻的浅层土壤来修垄，入土量小，阻力不大。利用地轮在垄沟中仿形，不仅可以增加垄边行覆土的效果，而且还对垄侧面和底边进行切割，有利于灌溉水侧渗垄中。

第四节　垄作沟灌配套机具的操作规程

一、垄作沟灌配套机具的操作规程

（一）机具作业前的准备

1）播种机与拖拉机挂接好后，前后左右要水平，若不符合要求应及时进行

调整。

2）作业前必须仔细检查各连接件是否可靠，各坚固件是否松动，转动部分是否灵活，若有松动或转动困难应及时排除。

3）播种机与拖拉机挂接好后，农具上不准坐（站）人或堆放物品。

（二）机具作业

1）作业期间要及时停机清除侧板内壁上的泥土和各处的缠草，以防加大负荷和加剧刀片磨损，严禁拆除传动防护罩，清除缠草或排除故障时必须停机进行。

2）机具作业时，播种机开沟器落地后，拖拉机不准倒退。转弯、倒退时应先将犁升起，不准转圈耕地，以免损坏机具。

3）免耕施肥播种作业时前进速度不能太快，要合理选择作业速度。否则播深过浅，土壤覆盖不好，容易造成缺苗断垄。因此，在播种时拖拉机应放在低档，使其紧旋慢播，千方百计提高播种质量。

4）作业时应随时检查链条的张紧程度，既不能过紧又不能过松，以免掉链影响播种。

5）拖拉机作业时，要经常检查起垄免耕小麦播种机播种情况，种箱内的种子要经常保持在 1/3 以上。要及时查看排种轮两端的固定卡片有无松动、输种管是否畅通、各行间播种量是否一样、种子覆盖是否严密，发现问题，及时解决。

二、垄膜沟灌配套机具的操作规程

（一）作业前的准备

1）检查所有的坚固件是否牢固，各连接件是否可靠，各转动件如压膜轮、压膜辊、覆土器、垄面镇压辊等部件的转动要灵活，若有松动或转动困难应及时排除。

2）起垄覆膜机与拖拉机挂接好后，前后左右要水平，若不符合要求应及时进行调整；农具上不准坐（站）人或堆放物品。

3）机具在正式铺膜前，必须首先进行试铺，在试铺时要对机具进行一系列的调整，使机具达到完好技术状态，铺膜质量符合标准和用户要求。

（二）机具作业

1）机具零部件被杂草缠绕时应及时停机清除。

2）头转弯时要先停机，人工将地膜剪断，然后升起机具掉头转弯，使机具对准下一次作业位置，将地膜展开，对准压膜轮位置并将机具落下，固定好地膜，即可进行作业。

3）要求覆土厚度为 5～7cm，覆土宽度为 7～10cm。若覆土量不足，可以改变圆盘覆土器偏角和入土深度进行调整。

4）作业时，驾驶员应随时注意覆膜情况，或专门有人照看，发现问题及时处理。

5）若膜的纵向拉力太小，地膜铺后出现横向波纹；若膜的横向拉力太小，地膜铺后出现斜波纹，应调整压膜辊拉力和压膜轮的压力及方向并保持机具直线行走，使膜的纵向和横向拉力平衡。

参 考 文 献

曹连生. 2004. 保护性耕作增产机理分析. 农村牧区机械化, (1): 1007-3191

曹永华. 1991. 美国 CERCES 作物模拟模型及应用. 世界农业, (9): 11-13

陈清硕. 1990. 节水型农业技术的开发和利用. 农业现代化研究, 11(5): 25-28

陈亚新, 康绍忠. 1995. 非充分灌溉原理. 北京: 水利电力出版社

程维新. 1990. 作物耗水特性与农业节水. 作物与水分关系研究. 北京: 中国科学技术出版社: 28-35

冯广龙, 刘昌明. 1996. 土壤水分对作物根系生长及分布的调控作用. 生态农业研究, 4(3): 5-9

冯金超, 黄子琛, 刘成敏. 1992. 河西绿洲春小麦的耗水特征与水分利用效率. 干旱地区农业研究, 10(3): 1-6

冯金超, 黄子琛. 1995. 春小麦蒸发蒸腾的调控. 作物学报, 21(5): 544-550

高焕文, 李问盈, 李洪文. 2003. 中国特色保护性耕作技术. 农业工程学报, 19(3): 1-4

关义新, 佟屏亚, 徐世昌. 1995. 干旱对玉米生长发育及产量的影响. 见: 全国第二届青年农学会学术年会论文集. 北京: 中国农业科技出版社: 383-385

黄虎, 王晓燕, 李洪文, 等. 2007. 固定道保护性耕作节能效果试验研究. 农业工程学报, 23(12): 140-143

黄荣翰. 1989. 干旱半干旱地区灌溉农业发展的一些问题和发展方向. 灌溉排水, 8(3): 1-8

荆家海, 肖庆德. 1987. 水分胁迫后复水对玉米叶片生长速率的影响. 植物生理学报, 13(1): 51-57

康定明, 魏国治. 1993. 不同生育期受旱对春小麦干物质积累和产量形成的影响. 见: 第一届全国青年作物栽培生理学术会议论文集. 北京: 科学出版社: 99-103

康定明. 1996. 不同灌溉量对小麦生长的影响. 石河子农学院学报, 14(2): 19-22

康尔泗, 李新, 张济世, 等. 2004. 甘肃河西地区内陆河流域荒漠化的水资源问题. 冰川冻土, 6(26): 657-667

康绍忠, 刘晓明, 熊运章, 等. 1994. 土壤—植物—大气连续体水分传输理论及其应用. 北京: 水利电力出版社

康绍忠, 张建华, 梁宗锁, 等. 1997. 控制性交替灌溉——一种新的农田节水调控思路. 干旱地区农业研究, 15(1): 1-5

康绍忠. 1992. 农田灌溉原理研究领域几个问题的思考与探索. 灌溉排水, 11(3): 1-7

李汝莘, 史岩, 迟淑筠. 1993. 机器轮胎引起的土壤压实及其耕作能量消耗. 农业机械学报, 30(2): 12-16

李世明, 程国栋, 李元红, 等. 2002. 河西走廊水资源合理利用与生态环境保护. 郑州: 黄河水利出版社

李新有, 梁宗锁, 康绍忠. 1995. 节水灌溉对夏玉米蒸腾效率的影响. 华北农学报, 10(4): 14-19

梁银丽, 陈培元. 1995. 水分胁迫和氮磷营养对小麦根苗生长及水分利用效率的效应. 西北植物学报, 15(1): 21-25

梁宗锁, 康绍忠, 李新有. 1995. 有限供水对夏玉米产量及其水分利用效率的影响. 西北植物学报, 15(1): 16-31

廖允成, 韩思明, 温晓霞. 2002. 黄土台原旱地小麦机械化保护性耕作栽培体系的水分及产量效应. 农业工程学报, 18(4): 1002-6819

刘贤赵, 刘德林, 宋孝玉. 2005. 西北干旱区水资源开发利用现状与对策. 水资源与水工程学报, 16(2): 1-6

刘跃平, 刘太平, 刘文平, 等. 2003. 玉米整秸秆覆盖的集水增产作用. 中国水土保持, 4: 32-33

卢振民. 1992. 土壤-植物-大气系统(SPAC)水流动态模拟与实验研究Ⅲ. 综合模型与模拟研究. 见: 中国科学院台站网络《农作物耗水量研究》课题组. 作物与水分关系研究. 北京: 中国科学技术出版社:

323-758

马忠明, 连彩云, 张立勤. 2012. 绿洲灌区垄作沟灌栽培对春小麦生长和产量的影响. 麦类作物学报, 32(2): 315-319

潘英华, 康绍忠. 2000. 交替隔沟灌溉水分入渗规律及其对作物水分利用的影响. 农业工程学报, 16(1): 39-43

任德昌, 王法宏, 王旭清, 等. 2000. 冬小麦垄作高产栽培技术增产效应及增产机理. 耕作与栽培, (5): 10-11

山仑, 吴玫君, 谢其明, 等. 1980. 小麦灌浆期生理特性和土壤水分条件对灌浆影响的研究. 植物生理学通讯, 27(3): 41-46

山仑, 徐萌. 1991. 节水农业及其生理生态基础. 应用生态学报, 2(1): 70-76

沈裕琥, 黄相国, 王海庆. 1998. 秸秆覆盖的农田效应. 干旱地区农业研究, 16(1): 45-50

盛宏大, 王韶唐. 1989. 冬小麦花粉母细胞分裂期土壤干旱对穗粒数的影响. 干旱地区农业研究, 7(4): 71-76

石虹. 2002. 浅谈全球水资源态势和中国水资源环境问题. 水土保持研究, 9(1): 145-150

史吉平, 董永华. 1995. 水分胁迫对小麦光合作用的影响. 国外农学——麦类作物, (5): 49-51

孙占祥, 魏亚范, 于希臣. 1995. 不同时期干旱胁迫对玉米生长发育及产量的影响. 全国第二届青年农学会学术年会论文集. 北京: 中国农业科技出版社: 380-382

汤章成. 1983. 植物对水分胁迫的反应和适应性. 植物生理学通讯, (3): 24-29

王邦锡, 何军贤. 1992. 水分胁迫导致小麦叶片光合作用下降的非气孔因素. 植物生理学报, 18(1): 77-84

王沅. 1982. 小麦小花发育不同时期土壤干旱对成花和成粒的影响. 作物学报, 8(4): 229-236

吴景社, 李成秀. 1994. 国内外灌溉水管理现状与发展趋势. 灌溉排水, 13(4): 15-18

吴敬民, 许文元, 董百舒, 等. 1991. 秸秆还田效果及其在土壤培肥中的地位. 土壤学报, 25(5): 211-215

谢先举. 1995. 我国旱地免耕研究. 耕作与栽培, (1): 16-20

徐世昌, 戴俊英, 沈秀瑛, 等. 1995. 水分胁迫对玉米光合性能及产量的影响. 作物学报, 21(3): 356-363

许迪, 康绍忠. 2002. 现代节水农业技术研究进展与发展趋势. 高技术通讯, (12): 103-108

薛青武, 陈培元. 1990. 土壤干旱条件下氮素营养对小麦水分状况和光合作用的影响. 植物生理学报, 16(1): 49-56

于健, 陈亚新. 1991. 非充分灌溉中作物——水模型的应用准则研究. 内蒙古农业大学学报:自然科学版, (4): 16-23

张进. 2000. 一条道走到底的保护性耕作. 旱作农业, 4: 34

张进. 2002. 固定道保护性耕作的试验研究. 山西农机, 16: 22-24

张岁歧, 山仑. 1990. 有限供水对春小麦产量及水分利用效率的影响. 华北农学报, (增刊): 69-75

张喜英, 袁小良. 1995. 冬小麦根系吸水与土壤水分关系的田间试验研究. 华北农学报, 10(4): 99-104

周顺利, 赵明, 崔玉亭. 1999. 保护性耕作与作物栽培技术. 耕作与栽培, 4: 57-60

Armstrong A C, Legros J-P, Voltz M. 1996. ACCESS-Ⅱ: A detailed model for crop growth and water conditions. *In*: Implications of Global Environmental Change for Crops in Europe. 1~3 April, 1996, Spects of Applied Biology, 45: 103-106

Bordovsky D G, Jordan W R, Hiler E A, et al. 1994. Choice of irrigation timing indicator for narrow row cotton. Agronomy Journal, 66: 88-91

Carefoot J M, Major D J. 1994. Effect of irrigation application depth on cereal production. Irrig Sci, 15: 9-16

Ehlers W, Hamblin A P, Tennant D, et al. 1991. Root system parameters determining water uptake of field crops. Irrigation Science, 2: 115-124

Fageria N K. 1992. Maximizing Crop Yield. New York: Marcel Dekker, Inc.

Frey N M. 1982. Dry matter accumulation in kernels of maize. Crop Sci, 21: 118-122

Gajri P R, Prihar S S. 1983. Effect of small irrigation amounts on the yield of wheat. Agricultural Water Management,

(6):31-41

Harder H J, Carlson R E, Shaw R H, et al. 1982. Yield, yield components, and nutrient content of corn grain as influenced by post-silking moisture stress. Agronomy Journal, 74: 275-278

Harold V E. 1986. Effects of water deficits on yield, yield components and water use efficiency of irrigated. Agronomy Journal, 78: 1035-1040

Hilfiker R E, Lowery B. 1998. Effect of conservation tillage systems on corn root growth. Soil and Tillage Research, 12(3): 269-283

Hochman C, 陈云昭. 1985. 不同发育阶段水分胁迫对半干旱环境中小麦产量的影响. 国外农学-麦类作物, (4): 27-29

Jensen M E. 1976. Water Consumption by Agricultural Plant. *In*: Kozlowski T. Water Deficit and Plant Growth, Vol.2. New York: Academic Press: 1-22

Kirkova Y. 1994. Water depletion from the various soil layers by some crops under different water regimes. *In*: 17th ICID European Regional Conference on irrigation and Drainage.Varna Bulgaria, 16-22, Mar

Kramer P J. 1983. Water Relation of Plant. New York: Academic Press.

Meyer W S, Barrs H D. 1991. Roots in irrigated clay soils: Measurement techniques and responses to root zone conditions. Irrigation Science, 12(3): 125-134

Misra R K, Chaudhary T N. 1985. Effect of a limited water imput on root growth, water use and grain yield of wheat. Field Crop Research, 10: 125-134

Molz F J, Remson I. 1971. Application of an extraction-term model to the study of moisture flow to plant root. Agronomy Journal, 63: 72-77

Monroe G E, Taylor J H. 1989. Traffic lanes for controlled traffic cropping system. Agr Eng Res, 44(1): 23-31

Ouattar S, Jones R J, Crookston R K, et al. 1987. Effect of drought on water relations of developing maize kernels. Crop Sci, 27: 730-734

Puchakayala V, Shete D T, Modi P M, et al. 1994. Yield response characterization under basin for deficit irrigation. *In*: 17th ICID European Regional Conference on irrigation and Drainage.Varna Bulgaria, 16-22, Mar

Rajput G S, Singh J. 1986. Water production functions for wheat under different environmental conditions. Agricultural Water Management, 11: 319-332

Rao N H, Sarma P B S, Chander S, et al. 1992. Real time adaptive irrigation scheduling under a limited water supply. Agricultural Water Mamagement, 20: 267-279

Rao N H. 1992. Real time adaptive irrigation scheduling under a limited water supply. Agricultural Water Management, 20: 267-279

Roberto L, 瞿兴业译. 1994. 21 世纪的灌溉管理战略. 灌溉排水, 13(4): 12

Singh D P. 1992. Influence of moisture stress on plant water relations and canopy photosynthesis and their recovery of irrigation in sorghum, maize and pearl millet. Crop Research, 5(2): 175-180

Stewart B A, Musick J T, Dusek D A. 1983. Yield and water use efficiency of grain sorghum in a limited irrigation-dryland farming system. Agronomy Journal, 75:629-634

Taylor J H. 1990. Soil compaction research in the eighties: an international overview. ASAE Paper, 12

Tullberg J N. 1995. Controlled traffic in Australia. *In*: Proceedings of National Controlled Traffic Conference. Gatton: Queensland University Gatton College: 7-11

Tullberg J N. 2000. Wheel traffic effects on tillage draught. Agr Eng Res, 75(4): 375-382

Turner N C, Sinha S K, Sane P V. 1989. The benefits of limited water deficits. *In*: Proceedings of the International Congress of Plant Physiology, New Delhi, February

Unger P W, Kaspar T C. 1994. Soil compaction and root growth: A review. Agronomy Journal, 86: 759-766

Vaux HJ, Pruitt WO. 1983. Crop-water production functions. *In*: Hillel D. Advances in Irrigation. Vol.2. New York: Academic Press: 61-99

Venezian. 1987. Yield response to different amounts of irrigation water for its best utilization. Symposium of

International Commission on Irrigation and Drainage Congress, Rabat

Voltz M, Legros J P, Armstrong A C. 1996. ACCESS II : A detailed model for crop growth and water conditions. *In*: Implication of Global Environmental Change for Crops in Europe, 1-3, April

Wright E, Carr M K V, Hamer P J C, et al. 1994. Crop production and water-use. I . A model for estimating crop water-use with limited data. Journal of Agricultural Science, 123(1): 9-13

附件1

ICS
B
备案号：30796-2011

DB62

甘 肃 省 地 方 标 准

DB62/T2106—2011

春小麦（啤酒大麦）固定道垄作沟灌
节水栽培技术规程

2011-06-09 发布   **2011-07-07 实施**

甘肃省质量技术监督局   发布

前　　言

本标准依据 GB/T1.1—2009《标准化工作导则》给出的规则编写。

本标准由甘肃省农业科学院提出。

本标准起草单位：农业部张掖绿洲灌区农业生态环境科学观测实验站、甘肃省农业科学院土壤肥料与节水农业研究所。

本标准主要起草人：马忠明、张立勤、王智琦、俄胜哲、杨君林、连彩云、徐生明、曹诗瑜、薛亮、唐文雪。

春小麦（啤酒大麦）固定道垄作沟灌
节水栽培技术规程

1 范围

本标准规定了春小麦（啤酒大麦）固定道垄作沟灌节水栽培技术的术语定义，产地条件，产量及节水指标，选地、整地与修垄，起垄与播种，施肥，灌水，田间管理，病虫害防治，收获及产品质量等内容。

本标准适用于河西绿洲灌区、沿黄灌区及其他相似生态类型区的灌溉地。

2 规范性引用文件

下列文件对于本文件的应用是必不可少的，凡是注日期的引用文件，仅注日期的版本适用于本文件；凡是不注日期的引用文件，其最新版本（包括所有的修改单）适用于本文件。

GB1351	小麦
GB4285	农药安全使用标准
GB4404	粮食作物种子 禾谷类
GB5084	农田灌溉水质标准
GB/T7416	啤酒大麦
GB/T8321	农药合理使用准则（所有部分）

3 术语和定义

下列术语和定义适用于本标准。

固定道垄作沟灌

指第一年起垄种植，以后垄、沟相对固定，垄上种植作物，垄沟既是灌水沟，也是机具作业时的行走道，并在收获后留茬、免耕的一种耕作方法。

4　产地条件

4.1　土壤肥力

土壤含有机质 9g/kg 以上，全氮 0.5g/kg 以上，碱解氮 55mg/kg 以上，速效磷 10mg/kg 以上，速效钾 90mg/kg 以上，pH 6.0～8.0，含盐量低于 2.1g/kg，质地良好，灌排方便。

4.2　灌溉水条件

灌溉水质应符合 GB5084 的要求。

5　产量及节水指标

5.1　产量指标

春小麦目标产量为 6750～7500kg/hm^2，啤酒大麦目标产量为 6750～8250kg/hm^2。

5.2　产量构成

5.2.1　春小麦

成穗数 570 万～630 万穗/hm^2，穗粒数 28～35 粒，千粒重 42～45g。

5.2.2　啤酒大麦

成穗数 675 万～900 万穗/hm^2，穗粒数 21～27 粒，千粒重 47～51g。

5.3　节水指标

与传统平作栽培相比节水 20%～35%。

6　选地、整地与修垄

6.1　选地

选择坡降小于 1‰、灌水方便、地面平整、耕层深厚、肥力较高、保水保肥的地块。

6.2　整地

第一年起垄前精细整地，要求地平、土绵、墒足，地面无土块和竖立草根。并做到浅耕、耙、耱、镇压连续作业，以减少土壤水分散失。

6.3　修垄

在作物收获后，如发现有垄体坍塌情况，可用 15～22kW 小四轮拖拉机牵引起垄机进行修垄，以保证翌年田间灌水顺畅。

7　种子准备

种子质量符合 GB4404 要求。

7.1　品种选择

7.1.1　春小麦

选用陇辐 2 号、陇春 26 号、宁春 39 号等叶片披散、边行优势强、分蘖成穗率高、矮秆抗倒伏的大穗多粒品种。

7.1.2　啤酒大麦

选用甘啤 4 号、甘啤 6 号等株高适中、大穗多粒且分蘖成穗率高，抗条纹病和耐旱性强的品种。

7.2　种子处理

播种前选择籽粒饱满的良种，晒种 1～2d，以提高种子发芽力和生长势。如需拌种，参照本规程病虫害防治内容。啤酒大麦也可用专用包衣剂将种子进行包衣处理。

8　起垄与播种

8.1　起垄

在第一年播种前，用 15～22kW 拖拉机牵引起垄机完成，要求垄幅 100cm、垄宽 65cm、垄沟宽 35cm、垄高 20cm。

8.2　播种

8.2.1　播种期

在 3 月中、下旬，当 20cm 土层昼消夜冻时，即可播种。

8.2.2　播种量

春小麦播种量 375～450kg/hm^2，啤酒大麦播种量 270～300kg/hm^2。

8.2.3　播种方式

采用 15～22kW 拖拉机牵引免耕播种机一次性完成播种、施肥和播后镇压作业。在播种过程中避免泥土堵塞播种机的种子出口，以保证播种质量和均匀度。

8.2.4　种植规格

每垄种植 5 行，行距 14cm，播深 3～5cm。

9　施肥

9.1　施肥量

春小麦：化肥 N $180\sim225kg/hm^2$、P_2O_5 $135\sim168kg/hm^2$。

啤酒大麦：化肥 N $120\sim150kg/hm^2$、P_2O_5 $90\sim140kg/hm^2$。

9.2　施肥方法

第一年起垄前人工均匀撒施，随起垄翻埋于垄体中。以后由固定道免耕播种机在播种时播入。

10　灌水

10.1　冬灌

在 10 月下旬底或 11 月初进行，灌水定额 $975\sim1200m^3/hm^2$。

10.2　生育期灌溉

10.2.1　灌溉定额

全生育期灌水 $240\sim315mm$。

10.2.2　灌水次数及灌水时间

灌水 $3\sim4$ 次。三叶期灌头水，灌水定额 $67.5\sim75mm$；挑旗期灌二水，灌水定额以 $82.5\sim90mm$；抽穗后 20d 灌三水，灌水定额 $90\sim97.5mm$；如遇到干旱年份或土壤持水力差时，可于扬花期灌三水，抽穗后 25d 灌四水，灌水定额分别为 $750\sim82.5mm$ 和 $60\sim67.5mm$。灌水时，小水慢灌，灌沟不漫垄。

11　田间管理

11.1　苗期管理

播种后注意检查土壤墒情和出苗情况，播后遇雨，若垄面板结，出苗前要及时破除板结，以利出苗。

11.2　杂草防除

采用人工与化学防除相结合的方法。

11.2.1　化学防除

在三叶后拔节前，用2,4-D 丁酯375ml/hm^2兑水 $600\sim750kg$ 喷雾防治阔叶杂草，在野燕麦3$\sim$4叶期，结合灌头水，用40%燕麦枯3000$\sim$3750ml/hm^2兑水 $675\sim750kg$ 叶面喷雾进行防除。

收获后 20d，用百草枯 20%水剂 $1125\sim3000ml/hm^2$ 兑水 375kg，或草甘膦 10%水剂 $15\sim22.5kg/hm^2$ 兑水 $300\sim450kg$ 喷雾，防除田间杂草。

11.2.2　人工防除

不能用化学方法防除的杂草，可进行人工拔除。

11.3　防止倒伏

当田间群体过大或生长过旺时，在拔节期用50%的矮壮素2250ml/hm² 兑水750～975kg 喷雾，防止倒伏。

12　病虫害防治

农药用量依照 GB4285 农药安全使用标准进行，使用方法依照 GB/T8321 农药合理使用准则（所有部分）进行。

12.1　主要病虫害

春小麦主要病害是锈病、全蚀病，主要虫害是蚜虫、金针虫、吸浆虫。啤酒大麦主要病害条纹病，主要虫害是金针虫。

12.2　防治方法

具体方法见附录 A。

13　收获

13.1　人工收获

在蜡熟期进行，标准是85%以上的植株茎叶变成黄色，籽粒用手指搓捻无凝胶状物质挤出，胚乳变硬且外观具有本品种固有色泽。

13.2　机械收获

在完熟期进行，标准是所有植株茎叶变黄，籽粒变硬，芒易脱落，呈现品种固有色泽。用小麦联合收割机收割，收割时留茬 15～20cm。

14　产品质量

小麦产品质量应符合 GB1351 小麦质量标准要求，啤酒大麦产品质量应符合 GB/T7416 二级以上标准要求。

附录 A

（资料性附录）

春小麦（啤酒大麦）固定道垄作沟灌节水栽培主要病虫害防治方法

A.1　春小麦（啤酒大麦）固定道垄作沟灌节水栽培主要病虫害防治方法

表 A.1　春小麦（啤酒大麦）固定道垄作沟灌节水栽培主要病虫害防治方法

病虫害名称	防治指标（适期）	防治药剂及使用剂量	使用方法
小麦锈病	发病初期	25%粉锈宁 525g/hm², 兑水 750kg	叶面喷雾
小麦全蚀病	播种前	25%敌力脱 0.2kg 兑水 2kg，或 25%丙环唑乳油 0.2kg 兑水 2kg，拌种 100kg	拌种
大麦条纹病	播种前	40%的甲基异柳磷 200ml+25%羟锈宁 150g, 兑水 2kg，拌种 100kg	拌种
蚜虫	危害初期	50%抗蚜威 120g/hm², 兑水 450kg	喷雾
金针虫	播种前	40%的甲基异柳磷 200ml，兑水 2kg 拌种 100kg	拌种
小麦吸浆虫	5 月底或 6 月上旬虫害发生前	40%氧化乐果乳油 1500ml/hm², 兑水 300kg	喷雾

附件 2

ICS
Q00
备案号：26775-2010

DB62

甘 肃 省 地 方 标 准

DB62/T1881—2009

春小麦垄作沟灌节水栽培技术规程

2009-12-28 发布
2010-01-01 实施

甘肃省质量技术监督局　　发布

前　言

本标准由甘肃省农业科学院提出。

本标准起草单位：甘肃省农业科学院土壤肥料与节水农业研究所。

本标准主要起草人：王智琦、马忠明、张立勤、连彩云、杨君林、徐生明、曹诗瑜、薛亮。

春小麦垄作沟灌节水栽培技术规程

1 范围

本标准规定了春小麦垄作沟灌节水栽培技术的术语定义、产量指标、种植规格和栽培技术等内容。

本标准适用于河西绿洲灌区、沿黄灌区及其他相似生态类型区的灌溉地。

2 规范性引用文件

下列文件中的条款通过本标准的引用而成为本标准的条款。凡是注日期的引用文件，其随后所有的修改单（不包括勘误的内容）或修订版均不适用于本标准，然而，鼓励根据本标准达成协议的各方研究可使用这些文件的最新版本。凡是不注日期的引用文件，其最新版本适用于本标准。

GB1351　　　小麦

GB4285　　　农药安全使用标准

GB4404　　　粮食作物种子 禾谷类

GB5084　　　农田灌溉水质标准

GB/T8321　　农药合理使用准则（所有部分）

3 术语和定义

下列术语和定义适用于本标准。

3.1 垄作沟灌

改传统的平作种植为地面起垄种植，垄上种植春小麦，沟内灌水并通过侧渗供给春小麦需水的一种栽培方法。

3.2 病虫害

小麦生长发育过程中由于病原物和害虫的浸染而导致的损害。

4 产地环境条件

4.1 土壤肥力

土壤含有机质9g/kg以上，全氮0.5g/kg以上，碱解氮55mg/kg以上，速效磷

10mg/kg 以上，速效钾 90mg/kg 以上，pH 6.0～8.0，含盐量低于 2.1g/kg，质地良好，灌排方便。

4.2　气象条件

4.2.1　光照

春小麦生长季太阳总辐射量 272.0～313.0kJ/cm^2，日照 950～1300h。

4.2.2　温度

春小麦全生育期需活动积温 1600～2100℃。

4.3　灌溉水条件

灌溉水质应符合 GB5084 的要求。

5　产量及节水指标

5.1　产量指标

春小麦产量 6750～7500kg/hm^2。

5.2　产量构成

春小麦成穗数 570 万～630 万穗/hm^2，穗粒数 28～35 粒，千粒重 42～45g。

5.3　节水指标

与传统平作栽培相比，生育期节水 17%～25%。

6　栽培技术

6.1　选地与整地

选择前茬为玉米或豆类等作物，并要求坡降小于1‰、灌水方便、地面平整、耕层深厚、肥力较高、保水保肥的地块。播前精细整地，要求地平土绵墒足，地面无土块和竖立草根。并做到浅耕、耙、糖、镇压连续作业，以减少土壤水分散失。

6.2　种子准备

6.2.1　品种选择

选用以陇辐 2 号、陇春 19 号、陇春 26 号、宁春 39 号等叶片披散、边行优势强、分蘖成穗率高、矮秆抗倒伏的春小麦品种。种子质量必须符合 GB4404 标准。

6.2.2　种子处理

播种前选择籽粒饱满的良种，晒种 1～2d，以提高种子发芽力和生长势。如需拌种，参照本规程病虫害防治内容。

6.3　施肥

农家肥 60～75t/hm²，化肥 N 180～225kg/hm²、P₂O₅ 135～168kg/hm²。农家肥在整地前均匀撒施，随整地施入土壤中。化肥在播种前人工均匀撒施，起垄播种时随起垄翻埋于垄体中。

6.4　播种

6.4.1　播种期

在 3 月中、下旬，当 20cm 土层昼消夜冻时，即可抢墒起垄，按规格播种。

6.4.2　播种量

春小麦 354～422kg/hm²。

6.4.3　播种方式

采用四轮拖拉机牵引 2BL-4 麦类作物垄作播种机，起垄和播种一次完成。在播种过程中应注意避免泥土堵塞播种机的种子出口，以影响播种质量和均匀度。播种后及时镇压垄面，以防跑墒。

6.4.4　种植规格

垄幅 75cm、垄面宽 50cm、垄沟宽 25cm、垄高 20cm，垄上种 4 行小麦，行距 15cm，边行小麦与垄边的距离为 2～3cm，播深 3～5cm。

6.5　田间管理

本标准没有说明的栽培措施，仍按常规操作。

6.5.1　苗期管理

6.5.1.1　保全苗、促壮苗

播种后要经常检查土壤墒情和出苗情况，若墒情太差，及时补灌出苗水。

6.5.1.2　培垄

出苗后，要及时整理灌水沟，加高垄体，以保证灌水顺畅。

6.5.2　杂草防除

人工与化学方法相结合。阔叶杂草，用 2,4-D 丁酯 375ml/hm² 兑水 600～750kg，在小麦 4～5 叶期叶面喷雾。野燕麦 3～4 叶期，结合小麦灌头水，用 40%野燕枯 3000～3750ml/hm² 兑水 675～750kg 叶面喷雾。人工拔除株间及垄沟内的大株杂草。

6.5.3　水分管理

6.5.3.1　灌溉定额

生育期间灌溉定额为 270～345mm，灌水 3～4 次。

6.5.3.2　灌溉方法

头水在三叶期，灌水量以 82.5mm 为宜；二水在挑旗期，灌水量以 97.5mm 为宜；三水在抽穗后 20d，灌水量以 90mm 为宜；如遇到干旱年份或土壤持水力差时，可于扬花期灌三水，抽穗后 25d 灌四水，灌水量分别为 90mm 和 75mm。灌水时，强度不宜太大，小水慢灌，要防止漫垄。

6.5.4　防治倒伏

一般情况下，垄作春小麦的抗倒伏能力强于平作春小麦。对群体过大，生长过旺的麦田和中、高秆品种，拔节期用 50%的矮壮素 2250ml/hm^2 兑水 750～975kg 喷雾。也应防止在灌水时有大风危害，导致土壤松软，麦田倒伏。

6.5.5　病虫害防治

6.5.5.1　主要病虫害

春小麦主要病害是锈病、根腐病、全蚀病，主要虫害是蚜虫、金针虫、吸浆虫。使用化学农药防治时，应执行农药安全使用标准 GB4285，以及农药合理使用准则执行 GB/T8321（所有部分）。

6.5.5.2　锈病

田间发现锈病、白粉病等病害的发病中心，及时喷药防治，用25%粉锈宁 525g/hm^2，兑水750kg 叶面喷雾。

6.5.5.3　根腐病

易发生根腐病的地块，用 3%敌萎丹拌种悬浮液 0.8kg 兑水 2kg，或用 2.5%适乐时 0.2kg 兑水 2kg，拌种 100kg 进行处理。

6.5.5.4　全蚀病

易发生全蚀病的地块用25%敌力脱0.2kg兑水2kg，或用25%丙环唑乳油0.2kg兑水2kg，拌种100kg进行处理。

6.5.5.5　蚜虫

6～7月发生蚜虫危害时，用抗蚜威 150g/hm^2 兑水 450kg 进行喷雾防治。

6.5.5.6　金针虫

在金针虫等地下害虫严重的地块，按每 100kg 小麦种子用 40%的甲基异柳磷 200ml 加水 2kg 均匀拌种进行防治。

6.5.5.7　吸浆虫

在 5 月底或 6 月上旬吸浆虫发生前，用 40%氧化乐果乳油 2000 倍液叶面喷雾防治。应急时用 40%氧化乐果乳油 1500ml/hm^2 加水 225～300kg 低微量喷雾。

7　收获

7.1　收获方法

植株变黄，茎节处微带黄绿色，茎秆有弹性，籽粒变硬，呈现品种固有色泽，即可用小型联合收割机行走在垄沟中收获。

7.2　产品质量

符合 GB1351 小麦质量标准要求。

附件 3

ICS
Q00
备案号：26774-2010

DB62

甘 肃 省 地 方 标 准

DB62/T1880—2009

啤酒大麦垄作沟灌节水栽培技术规程

2009-12-28 发布   2010-01-01 实施

甘肃省质量技术监督局　发布

前　　言

本标准由甘肃省农业科学院提出。

本标准起草单位：甘肃省农业科学院土壤肥料与节水农业研究所。

本标准主要起草人：徐生明、马忠明、张立勤、连彩云、王智琦、杨君林、曹诗瑜、薛亮。

啤酒大麦垄作沟灌节水栽培技术规程

1 范围

本标准规定了啤酒大麦垄作沟灌节水栽培技术的术语定义、产量指标、种植规格和栽培技术等内容。

本标准适用于河西绿洲灌区、沿黄灌区及其他相似生态类型区的灌溉地。

2 规范性引用文件

下列文件中的条款通过本标准的引用而成为本标准的条款。凡是注日期的引用文件，其随后所有的修改单（不包括勘误的内容）或修订版均不适用于本标准，然而，鼓励根据本标准达成协议的各方研究可使用这些文件的最新版本。凡是不注日期的引用文件，其最新版本适用于本标准。

GB4285 农药安全使用标准

GB4404.1 粮食作物种子 禾谷类

GB5084 农田灌溉水质标准

GB/T7416 啤酒大麦

GB/T8321 农药合理使用准则（所有部分）

3 术语和定义

下列术语和定义适用于本标准。

3.1 垄作沟灌

改传统的平作种植为地面起垄种植，垄上种植啤酒大麦，沟内灌水并通过侧渗供给啤酒大麦需水的一种栽培方法。

3.2 病虫害

啤酒大麦生长发育过程中由于病原生物和有害昆虫的侵染而导致的损害。

4 产地环境条件

4.1 土壤肥力

土壤含有机质9g/kg以上，全氮0.5g/kg以上，碱解氮55mg/kg以上，速效磷

10mg/kg 以上，速效钾 90mg/kg 以上，pH 6～8.5，含盐量低于 2.1g/kg，质地良好，灌排方便。

4.2　气象条件

4.2.1　光照

啤酒大麦生长季太阳总辐射量 272.0～313.0kJ/cm^2，日照 950～1300h。

4.2.2　温度

啤酒大麦全生育期需活动积温 1600～2100℃。

4.3　灌溉水条件

灌溉水质应符合 GB5084 的要求。

5　产量及节水指标

5.1　产量指标

啤酒大麦目标产量为 6750～8250kg/hm^2。

5.2　产量构成

播种密度 540 万～600 万粒/hm^2，保苗 460 万～510 万株/hm^2，成穗数 675 万～900 万穗/hm^2，穗粒数 21～27 粒，千粒重 47～51g。

5.3　节水指标

与传统平作栽培方式相比，节水 20%～35%。

6　栽培技术

6.1　选地与整地

6.1.1　选地标准

选择坡降≤1.0‰，灌水方便、土层深厚、基础肥力较高的地块。

6.1.2　茬口要求

前茬以玉米、甜菜、马铃薯、豆类、瓜类等作物为好。尽量避免连作或与小麦倒茬互作。

6.1.3　整地

播前必须精细整地，要求地平、土绵、墒足。做到耕、耙、起垄、播种连续作业。

6.2　种子准备

6.2.1　品种选择

选择株高适中、大穗多粒且分蘖成穗率高，抗条纹病和耐旱性强的甘啤 4 号和甘啤 6 号。

6.2.2　种子质量

符合 GB4404.1 大麦种子质量标准。

6.2.3　种子处理

为防止条纹病和金针虫，可用 40%的甲基异柳磷+25%羟锈宁（也可用 15%粉锈宁+50%多菌灵各 150g 代替羟锈宁）对种子作拌种处理，药剂用量以种子100kg，甲基异柳磷 200ml+羟锈宁 150g+水 2kg 为宜。拌种后堆闷 24h。也可用啤酒大麦专用包衣剂将种子进行包衣处理。

6.3　施肥

6.3.1　肥料用量

农家肥 $60 \sim 75 t/hm^2$，氮素化肥（以 N 计）$120 \sim 150 kg/hm^2$、磷肥（以 P_2O_5 计）$90 \sim 140 kg/hm^2$。

6.3.2　施肥方法

氮、磷及农家肥全部作基肥一次性施入。其中农肥结合春季耕地翻入土中，化肥在起垄前均匀撒于地表。

6.4　起垄与播种

6.4.1　起垄规格

垄幅 75cm，其中垄面宽 50cm、垄沟宽 25cm、垄高 20cm。

6.4.2　播种时期

一般在 3 月中、下旬，具体视当地气温及适播期而定。但应掌握赶早不赶迟的原则，以便抢墒播种，促其早发芽、早出苗。

6.4.3　播种方法

用 $13 \sim 18 kW$ 小四轮拖拉机牵引 2BL-4 麦类作物垄作播种机一次性完成起垄、播种作业。

6.4.4　种植规格

每垄种植 4 行，行距 15cm，播深 $3 \sim 5 cm$。

6.4.5　播种量

播种量控制在 $270 \sim 300 kg/hm^2$ 为宜。

6.5　田间管理

6.5.1　苗前管理

播种后注意检查土壤墒情和出苗情况，若墒情太差，及时补灌出苗水。播后遇雨，若垄面板结，出苗前要及时破除板结，以利出苗。

6.5.2　杂草防除

三叶后、拔节前田间双子叶杂草用 72% 2,4-D 丁酯 500 倍液喷雾防治，用液量 450～675kg/hm²。野燕麦在四叶期用 6.9%大骠马乳油 900g 兑水 450kg/hm² 喷雾防治。

6.5.3　水分管理

生育期灌溉定额控制在 270～345mm。其中头水时期在三叶期，灌量以 82.5mm 为宜。二水在主茎挑旗后，灌量以 97.5mm 为宜。三水于抽穗后 20d 灌，灌量以 90mm 为宜。若气候干旱、土壤持水力差，可于抽穗后 10d 灌三水，抽穗后 30d 灌四水，灌水量分别为 90mm 和 75mm。灌水过程要求小水慢流、灌沟不淹垄。

6.5.4　病虫害防治

进入 6 月中旬后要注意观察蚜虫的发生发展动态，如发生危害时，用 40%灭蚜宝 1000 倍液或 50%抗蚜威 1500 倍液喷雾防治，药液量以 450kg/hm² 为宜。农药施用要严格执行 GB4285 农药安全使用标准和 GB/T8321 农药合理使用准则的规定。

7　收获

7.1　人工收获

在黄熟期进行，标准是 85%以上的植株茎叶变成黄色，籽粒用手指搓捻无凝胶状物质挤出，胚乳变硬且外观具有本品种固有色泽。

7.2　机械收获

在完熟期进行，即所有植株茎叶变黄，籽粒变硬，芒易脱落，含水量在 16%以下。

8　晾晒、精选、入库

收获后尽快脱粒、晾晒，防止受潮、霉变和粒色加深。当籽粒含水量低于 12%时，及时进行精选包装入库。

9　质量要求

产品质量应符合 GB/T7416 啤酒大麦二级以上国家标准。

附件 4

ICS
Q00
备案号：26777-2010

DB62

甘 肃 省 地 方 标 准

DB62/T1883—2009

玉米半膜覆盖垄膜沟灌节水栽培技术规程

2009-12-28 发布 　　　　　　　　　　　　　　　　　 2010-01-01 实施

甘肃省质量技术监督局　　发布

前　　言

本标准由甘肃省农业科学院提出。

本标准起草单位：甘肃省农业科学院土壤肥料与节水农业研究所。

本标准主要起草人：张立勤、马忠明、王智琦、徐生明、连彩云、杨君林、曹诗瑜、薛亮。

玉米半膜覆盖垄膜沟灌节水栽培技术规程

1 范围

本标准规定了玉米进行半膜覆盖垄膜沟灌节水栽培技术的术语定义、产量指标、种植规格和栽培技术等内容。

本标准适用于海拔 1900m 以下河西绿洲灌区、沿黄灌区及相似生态类型区的灌溉地。

2 规范性引用文件

下列文件中的条款通过本标准的引用而成为本标准的条款。凡是注日期的引用文件，其随后所有的修改单（不包括勘误的内容）或修订版均不适用于本标准，然而，鼓励根据本标准达成协议的各方研究可使用这些文件的最新版本。凡是不注日期的引用文件，其最新版本适用于本标准。

GB1353　　　玉米

GB4285　　　农药安全使用标准

GB/T8321　　农药合理使用准则（所有部分）

GB4404.1　　粮食作物种子 禾谷类

GB5084　　　农田灌溉水质标准

3 术语和定义

下列术语和定义适用于本标准。

3.1 半膜覆盖

玉米生育期内，只在垄面进行地膜覆盖，而垄沟内不覆盖。

3.2 垄膜沟灌

改传统的平作种植为地面起垄种植，垄上覆膜种植玉米，沟内灌水并通过侧渗供给玉米需水的一种栽培方法。

3.3 病虫害

玉米生长发育过程中由于病原物和害虫的侵染而导致的损害。

4　产地环境条件

4.1　土壤肥力

选择地力基础较好、灌水方便、地面平整、土层深厚、肥力较高、保水保肥的地块，土壤理化性质良好，耕层 0～20cm 有机质含量 12g/kg 以上，碱解氮含量 60mg/kg 以上，速效磷含量 7mg/kg 以上，速效钾含量（K_2O）100mg/kg 以上，pH 5.0～7.0，土壤含盐量≤3g/kg。

4.2　气象条件

4.2.1　光照

全生育期需要光照 800～1100h。

4.2.2　温度

全生育期需要活动积温 2500～3300℃。

4.3　灌溉水条件

水质符合国家 GB5084 农田灌溉水质标准的要求。

5　产量及节水指标

5.1　产量指标

玉米产量 12 000～15 000kg/hm^2。

5.2　产量构成

保苗密度 7.75 万～9.0 万株/hm^2，穗粒数 500～650 粒，千粒重 300～360g。

5.3　节水指标

与传统平作条膜覆盖栽培相比，节水 25%～30%。

6　栽培技术

6.1　选地与整地

选择前茬为小麦、大麦、马铃薯、豆类、油料作物，坡降≤1‰的地块，避免与玉米或制种玉米连作，重茬 2 年以上必须做土壤处理。播前结合施基肥浅耕一次，耕深 15～18cm，耕后及时耙糖，镇压保墒，要求地平、土绵、墒足，地面无土块和竖立草根。

6.2　土壤处理

6.2.1　防治地下害虫

金针虫、地老虎等地下害虫严重的地块，用 75%辛硫磷 3.75kg/hm^2 或 40%甲基异柳磷 7.5kg/hm^2 掺细土 300kg，结合播前浅耕施入土壤进行防治。

6.2.2 播前防治杂草

杂草危害严重的地块，用48%拉索乳油3000～3750ml/hm² 兑水450～600kg，或用50%乙草胺乳油1500～2250ml/hm² 兑水450～600kg 于浅耕前在地面均匀喷洒，结合播前浅耕施入土壤，防除单子叶杂草，兼除阔叶杂草。

6.3 种子准备

6.3.1 品种选择

选用豫玉22号、奥瑞金、沈单16号、陇单4号、郑单958、金穗1号、金穗2号等中晚熟品种。

6.3.2 种子质量

种子符合 GB4404.1 粮食作物种子 禾谷类。

6.3.3 种子处理

播前对种子进行精选，选择籽粒饱满的种子，晒种 1～2d，以提高种子发芽力和发芽势。然后选用 50%辛硫磷或 40%甲基异柳磷等农药按种子重量的 0.2%拌种，或选用适宜的玉米种子包衣剂，按使用要求对亲本种子进行包衣处理，最好直接应用包衣种子。

6.4 施肥

农肥 45t/hm²，全作基施；化肥施 N 240～300kg/hm²、P_2O_5 240～300kg/hm²，其中 P_2O_5 全部作基肥；N 72～90kg/hm² 作基施，其余 72～90kg/hm² 在玉米拔节期（5 月下旬至 6 月上旬）结合头水追施，96～120kg/hm² 在大喇叭口期（6 月中下旬）结合二水追施。追肥穴施于垄沟内膜侧。

6.5 起垄覆膜

于玉米播种前 5～7d 用玉米起垄覆膜机一次性完成起垄覆膜作业。起垄要求垄幅 100cm、垄宽 60cm、垄沟宽 40cm、垄高 20cm，起垄后垄面平整，无土块、草根等硬物，用幅宽 90cm、厚度 0.005～0.006mm 的地膜覆盖垄面，并在膜面每隔 2m 左右压土腰带。

6.6 播种

6.6.1 播种期

在 4 月上、中旬进行，当 5～10cm 土层地温稳定在 12℃以上时开始播种，播期以玉米出苗后能避开晚霜危害为宜。

6.6.2 种植规格

垄面种植 2 行玉米，行距 50cm，株距根据选择的品种要求确定，一般为

22～24cm。

6.6.3　播种量

播种量 52.5～67.5kg/hm²。

6.6.4　播种密度

播种密度 6.75 万～9.0 万株/hm²。

6.6.5　播种方式

6.6.5.1　人力穴播机播种

根据品种种植规格，选择适宜穴播机，调整好下籽量，每穴 2～3 粒种子，播深 4～5cm。播种时注意要经常检查播种机，避免泥土堵塞穴播机的下籽口而影响播种质量。

6.6.5.2　人工点播

播前准备好按株距做好标记的木棍或线绳，播种时用人工点播器或小铲按标记和行距点播，播深 3～5cm，每穴 2～3 粒种子，播后用土封严膜孔。

6.7　田间管理

6.7.1　苗期管理

6.7.1.1　破除板结和地膜检查

出苗前，要经常检查盖膜孔的土是否出现板结。如有板结，要及时破除。地膜若被撕烂或被风刮起，要及时用土压严。

6.7.1.2　查苗与补苗

出苗后，田间逐行检查，及时放苗，对缺苗要及时进行补苗。可选用早熟品种及时催芽补种，或结合间苗在苗多处带土挖苗，在缺苗处坐水补栽。

6.7.1.3　去杂定苗

在玉米 3～4 叶期，根据种植品种的特征特性进行田间去杂，在玉米 4～5 叶期进行定苗，定苗时留生长健壮的高大苗，拔除长势不好的弱苗、病苗，每穴留苗 1 株。

6.7.1.4　打杈

如选择的品种易分蘖，在玉米拔节后进行打杈，减少无效分蘖造成的地力消耗。

6.7.2　灌水

全生育期适宜灌水量为 450～525mm，灌 5～6 次水。在拔节期（5 月下旬至6 月上旬）灌第一水，灌水量为 90mm；大喇叭口期（6 月下旬）灌第二水，灌水量为 90mm；抽雄后灌第三水（7 月上旬），灌水量为 97.5mm；灌浆中期（8 月上旬)灌四水,灌水量为 90mm;灌浆后期(8 月下旬)灌第五水,灌水量为 82.5mm;若土壤持水力差或玉米生长后期高温干旱严重,可增加一次灌水。将第五水灌水量调整为 90mm,第六水在 9 月上中旬灌溉,灌水量为 67.5mm。灌水时,水流强度不宜太大,小水慢灌,灌沟,不漫垄。

6.7.3　杂草防除

在玉米生长过程中,可人工拔除或喷除草剂进行化学防除钻出地膜的杂草和垄沟内的杂草。人工拔除分别在玉米拔节期和大喇叭口期进行。化学除草时,防除阔叶杂草可用 2,4-D 丁酯 375ml/hm² 兑水 600～750kg,在玉米 4～5 叶期杂草叶面喷雾。2,4-D 丁酯浓度一定要严格掌握,切勿过量。

6.7.4　病虫害防治

农药用量依照 GB4285 农药安全使用标准进行,使用方法依照 GB/T8321 农药合理使用准则(所有部分)进行。

6.7.4.1　主要病虫害

玉米主要病害是锈病、黑粉病,主要虫害是金针虫、地老虎、玉米螟、红蜘蛛。

6.7.4.2　防治方法

6.7.4.2.1　黑粉病

农业防治

选用抗病品种,对种子、土壤消毒,适时播种,合理密植,科学施肥,培育壮苗,合理轮作,加强田间管理,清除杂草及病株残体,拔除病株,消灭菌源。

化学防治

玉米 3～4 叶期喷施 3000 倍 96%天达恶霉灵药液＋600 倍"天达 2116"壮苗专用型药液,6～8 叶和 10～12 叶时喷洒 600 倍粮食专用型"天达 2116"药液。在玉米抽穗前 10d 左右用 50%福美双可湿性粉剂 500～800 倍喷雾。

6.7.4.2.2　锈病

农业防治

选用抗病品种,合理施肥,增施磷钾肥,避免偏施氮肥,促使健壮生长,提高抗病能力。

化学防治

发病初期,用 20%三唑酮乳油 1500 倍液、0.2 波美度的石硫合剂、25%粉锈宁可湿性粉剂 1000～1500 倍液或 12.5%速保利可湿性粉剂 3000～4000 倍液均匀喷雾 2～3 次，每次间隔 10d 左右。

6.7.4.2.3　金针虫

灌根：用 40%的乐果乳油或者是 48%的毒死蜱乳油 1000 倍液灌根；或用 50% 的辛硫磷或 15%毒死蜱乳油 1000 倍液进行灌根。

施用毒土法：用 2.5%甲基异柳磷颗粒剂（地达）30～45kg/hm² 拌细土 300～ 375kg/hm²；或用 5%甲基毒死蜱颗粒剂 30～45kg/hm² 拌细土 375～450kg/hm²； 或用地虫全杀 30kg 拌细土 300～375kg/hm² 撒于土表，然后灌水。

6.7.4.2.4　地老虎

农业防治

早春及时铲埂除蛹，玉米苗期及时中耕除草。

化学防治

在地老虎卵孵化盛期，用 40%甲基异柳磷、50%甲胺磷或 40%水胺硫磷 1125g/hm²，兑水 1125kg 喷雾 1～2 次。

6.7.4.2.5　玉米螟

农业防治

选用抗虫品种，及时处理完玉米螟越冬寄主的茎秆和穗轴。

生物防治

用生物制剂白僵菌 750g/hm² 制成毒砂或颗粒剂，在玉米大喇叭口期灌心， 要求 1～2g/株。

化学防治

灌心法：玉米大喇叭口期，选用 1.5%辛硫磷（1∶15），制成毒砂或颗粒剂， 向玉米大喇叭口内撒施 1～2g/株。

喷雾法：玉米螟危害玉米时，用 20%敌杀死乳油 300ml/hm²，或 1605 乳油 750ml/hm² 对准玉米喇叭口，向下喷雾防治。

6.7.4.2.6　红蜘蛛

化学防治：用 1.8%的虫螨克星 30ml 或 40%的高渗丙辛 30ml，或 5%的甲基 百虫清（二甲基二硫醚），或扫螨净 600g/hm² 兑水 600kg 喷雾防治，注意把玉米 植株上下部叶片以及叶片的正面背面都喷到。严重时每隔 7～10d 防治 1 次，连 续防治 2 次。

7　适时收获

9 月下旬或 10 月上旬，当玉米籽粒基部有黑层形成时进行收获，晾晒、脱粒。籽粒含水量达 13%以下时，入库贮藏。

8　产品要求

质量符合 GB1353 标准要求。

附件 5

ICS
Q00
备案号：26778-2010

DB62

甘 肃 省 地 方 标 准

DB62/T1884—2009

玉米全膜覆盖垄膜沟灌节水栽培技术规程

2009-12-28 发布
2010-01-01 实施

甘肃省质量技术监督局　发布

前　言

本标准由甘肃省农业科学院提出。

本标准起草单位：甘肃省农业科学院土壤肥料与节水农业研究所。

本标准主要起草人：杨君林、马忠明、张立勤、徐生明、王智琦、连彩云、曹诗瑜、薛亮。

玉米全膜覆盖垄膜沟灌节水栽培技术规程

1 范围

本标准规定了玉米全膜覆盖垄膜沟灌节水栽培技术的术语定义、产量指标、种植规格和栽培技术等内容。

本标准适用于海拔 2000m 以下河西绿洲灌区、沿黄灌区及相似生态类型区的灌溉地。

2 规范性引用文件

下列文件中的条款通过本标准的引用而成为本标准的条款。凡是注日期的引用文件，其随后所有的修改单（不包括勘误的内容）或修订版均不适用于本标准，然而，鼓励根据本标准达成协议的各方研究可使用这些文件的最新版本。凡是不注日期的引用文件，其最新版本适用于本标准。

GB1353　　　玉米

GB4285　　　农药安全使用标准

GB4404　　　粮食作物种子　禾谷类

GB5084　　　农田灌溉水质标准

3 术语和定义

下列术语和定义适用于本标准。

3.1 全膜覆盖

玉米生育期内，在垄面和垄沟进行地膜覆盖，实行全地面地膜覆盖的栽培方法。

3.2 垄膜沟灌

改传统的平作种植为地面起垄种植，垄上和沟内全部覆膜，垄上种植玉米，沟内灌水并通过侧渗供给玉米需水的一种栽培方法。

3.3 病虫害

玉米生长发育过程中由于病原物和害虫的侵染而导致的损害。

4　产地环境条件

4.1　地块要求

选择地力基础较好、灌水方便、地面平整、土层深厚、肥力较高和保水保肥的地块。

4.2　土壤肥力

选择地力基础较好、灌水方便、地面平整、土层深厚、肥力较高、保水保肥的地块，土壤理化性质良好，耕层 0～20cm 有机质含量 12g/kg 以上，碱解氮含量 60mg/kg 以上，速效磷含量 7mg/kg 以上，速效钾含量（K_2O）100mg/kg 以上，pH 5.0～7.0，土壤含盐量≤3g/kg。

4.3　气象条件

4.3.1　光照

全生育期需要光照 800～1100h。

4.3.2　温度

全生育期需要活动积温 2500～3300℃。

4.4　灌溉水条件

水质符合国家 GB5084 农田灌溉水质标准的要求。

5　产量及节水指标

5.1　产量指标

目标产量 12 000～16 500kg/hm²。

5.2　产量构成因素

保苗密度 82 500～90 000 株/hm²，穗粒数 500～650 粒，千粒重 300～360g。

5.3　节水指标

与传统平作栽培相比，节水 35%～37.5%。

6　栽培技术

6.1　选地与整地

避免与玉米或制种玉米连作，重茬 2 年以上必须做土壤处理。前茬以选择小麦、大麦、马铃薯、豆类、油料等作物为宜。地块的坡降≤1‰。播前结合施基肥浅耕一次，耕深 15～18cm，耕后及时耙糖，镇压保墒，要求地平、土绵、墒足，地面无土块和竖立草根。

6.2　土壤处理

6.2.1　防治地下害虫

金针虫、地老虎等地下害虫严重的地块，用75%辛硫磷3.75kg/hm^{2}或40%甲基异柳磷7.5kg/hm^{2}掺细土300kg，结合播前浅耕施入土壤进行防治。

6.2.2　播前防治杂草

杂草危害严重的地块，用48%拉索乳油3000～3750ml/hm^{2}兑水450～600kg，或用50%乙草胺乳油1500～2250ml/hm^{2}兑水450～600kg 于浅耕前在地面均匀喷洒，结合播前浅耕施入土壤，防除单子叶杂草，兼除阔叶杂草。

6.3　种子准备

6.3.1　品种选择

在海拔低于 1700m 的地区，选用豫玉 22 号、陇单 4 号、奥瑞金等晚熟品种；在海拔 1700～2000m 的地区，选用沈单 16 号、郑单 958、金穗 1 号、金穗 2 号、张单 476 等中晚熟品种。

6.3.2　种子质量

种子符合 GB4404.1 粮食作物种子 禾谷类。

6.3.3　种子处理

播前对种子进行精选，选择籽粒饱满的种子，晒种 1～2d，以提高种子发芽力和发芽势。然后选用 50%辛硫磷或 40%甲基异柳磷等农药按种子重量的 0.2% 拌种，或选用适宜玉米种子包衣剂，按使用要求对亲本种子进行包衣处理，最好直接应用包衣种子。

6.4　施肥

施农家肥 45 000～67 500kg/hm^2，全部作基肥。化肥施 N 240～300kg/hm^2、P$_2$O$_5$ 240～300kg/hm^2。其中 P$_2$O$_5$ 全部做底肥，N 72～90kg/hm^2 作基施。追肥第一次在玉米拔节期（5月下旬至 6 月上旬）结合头水追施 N 72～90kg/hm^2，第二次结合二水（6 月下旬）追施 N 96～120kg/hm^2。基肥结合播前浅耕翻入土壤，追肥灌水前在垄沟内穴施于膜侧。

6.5　起垄与覆膜

于玉米播种前5～7d 起垄覆膜，起垄要求垄幅100cm、垄宽60cm、垄沟宽40cm、垄高20cm，起垄后垄面平整，无土块、草根等硬物，用幅宽140cm、厚度0.005～0.006mm 的地膜覆盖垄面和垄沟，并在膜面每隔2m 左右压土腰带。

6.6　播种

6.6.1　播种期

在 4 月中旬，当 0～10cm 土层地温稳定在 12℃以上时开始播种，播期以玉米出苗后能避开晚霜危害为宜。

6.6.2　种植规格

垄面种植2行玉米，行距50cm，株距根据选择的品种要求确定，一般为22～24cm。

6.6.3　播种量

播种量 52.5～67.5kg/hm^2。

6.6.4　播种密度

播种密度 8.25 万～9.0 万株/hm^2。

6.6.5　播种方式

6.6.5.1　人力穴播机播种

根据品种种植规格，选择适宜穴播机，调整好下籽量，每穴 2～3 粒种子，播深 4～5cm。播种时注意要经常检查穴播机，避免泥土堵塞穴播机的下籽口而影响播种质量。

6.6.5.2　人工点播

播前准备好按株距做好标记的木棍或线绳，播种时用人工点播器或小铲按标记和行距点播，播深 3～5cm，每穴 2～3 粒种子，播后用土封严膜孔。

7　田间管理

7.1　苗期管理

7.1.1　破除板结和地膜检查

出苗前，要经常检查盖膜孔的土是否出现板结。如有板结，要及时破除。地膜若被撕烂或被风刮起，要及时用土压严。

7.1.2　查苗与补苗

出苗后，田间逐行检查，及时放苗，对缺苗要及时进行补苗。可选用早熟品种及时催芽补种，或结合间苗在苗多处带土挖苗，在缺苗处坐水补栽。

7.1.3　去杂定苗

在玉米 3～4 叶期，根据种植品种的特征特性进行田间去杂，在玉米 4～5 叶期进行定苗，定苗时留生长健壮的高大苗，拔除长势不好的弱苗、病苗，每穴留苗一株。

7.1.4　打杈

如选择的品种易分蘖，在玉米拔节前后进行打杈，减少无效分蘖造成的地力消耗。

7.2　灌水

7.2.1　生育期灌溉

全生育期灌水 390～450mm，灌 5～6 次水。在拔节期（5 月下旬至 6 月上旬）灌第一水，灌水量为 78mm；大喇叭口期（6 月下旬）灌第二水，灌水量为 78mm；吐丝期（7 月中旬）灌第三水，灌水量为 97.5mm；灌浆初期灌第四水（7 月中旬），灌水量为 78mm；灌浆中后期（8 月中下旬）灌五水，灌水量为 58.5mm，若土壤持水力差或玉米生长后期高温干旱严重，可将五水提前至 8 月中旬；在 9 月上旬加灌第六水，灌水量为 60mm。灌水时，水流强度不宜太大，小水慢灌，灌沟，不漫垄。

7.3　杂草防除

在玉米生长过程中，要及时防除钻出地膜的杂草和垄沟内的杂草。

7.4　病虫害防治

农药用量依照 GB4285 农药安全使用标准进行，使用方法依照 GB/T8321 农药合理使用准则（所有部分）进行。

7.4.1　主要病虫害

危害玉米的主要病害是锈病、黑粉病，主要虫害是金针虫、地老虎、玉米螟、红蜘蛛。

7.4.2　防治方法

7.4.2.1　黑粉病

农业防治

选用抗病品种，对种子、土壤消毒，适时播种，合理密植，科学施肥，培育壮苗，合理轮作，加强田间管理，清除杂草及病株残体，拔除病株，消灭菌源。

化学防治

玉米 3～4 叶期喷施 3000 倍 96%天达恶霉灵药液+600 倍"天达 2116"壮苗专用型药液，6～8 叶和 10～12 叶时喷洒 600 倍粮食专用型"天达 2116"药液。在玉米抽穗前 10d 左右用 50%福美双可湿性粉剂 500～800 倍喷雾。

7.4.2.2　锈病

农业防治

选用抗病品种，合理施肥，增施磷钾肥，避免偏施氮肥，促使健壮生长，提高抗病能力。

化学防治

发病初期，用 20%三唑酮乳油 1500 倍液、0.2 波美度的石硫合剂、25%粉锈宁可湿性粉剂 1000～1500 倍液或 12.5%速保利可湿性粉剂 3000～4000 倍液均匀喷雾 2～3 次，每次间隔 10d 左右。

7.4.2.3　金针虫

灌根：用 40%的乐果乳油或者是 48%的毒死蜱乳油 1000 倍液灌根，或用 50%的辛硫磷或 15%毒死蜱乳油 1000 倍液进行灌根处理。

施用毒土法：用 2.5%甲基异柳磷颗粒剂（地达）30～45kg/hm^2 拌细土 300～375kg/hm^2，或用 5%甲基毒死蜱颗粒剂 30～45kg/hm^2 拌细土 375～450kg/hm^2，或用地虫全杀 30kg 拌细土 300～375kg/hm^2 撒于土表然后灌水，提高防治效果。

7.4.2.4　地老虎

农业防治

早春及时铲埂除蛹；玉米苗期，及时中耕除草。

化学防治

在地老虎卵孵化盛期，用 40%甲基异柳磷、50%甲胺磷或 40%水胺硫磷 1125g/hm^2，兑水 1125kg 喷雾防治 1～2 次。

7.4.2.5　玉米螟

农业防治

选用抗虫品种，及时处理完玉米螟越冬寄主的茎秆和穗轴。

生物防治

用生物制剂白僵菌 750g/hm^2 制成毒砂或颗粒剂，往玉米大喇叭口内撒施 1～2g/株。

化学防治

灌心法：玉米大喇叭口期，选用 1.5%辛硫磷（1：15），制成毒砂或颗粒剂，向玉米大喇叭口内撒施 1～2g/株。

喷雾法：玉米螟危害玉米时，用 20%敌杀死乳油 300ml/hm^2，或 1605 乳油 750ml/hm^2 对准玉米喇叭口，向下喷雾防治。

7.4.2.6　红蜘蛛

化学防治：用 1.8%的虫螨克星 30ml 或 40%的高渗丙辛 30ml，或 5%的甲基百虫清（二甲基二硫醚），或扫螨净 600g/hm² 兑水 600kg/hm² 喷雾防治，喷雾时玉米植株上下部叶片、叶片的正面背面务必喷洒周到。严重时每隔 7～10d 防治 1 次，连续防治 2 次。

8　适时收获

在完熟期前 1～2d 及时收获，晾晒、脱粒，在籽粒含水量达到 13%以下时入库贮藏。

9　清除残膜

收获后挖去玉米残根，用废膜捡拾机或人工清除废膜，平整土地。

10　产品要求

质量符合 GB1353 标准要求。

附件6

ICS
Q00
备案号：26776-2010

DB62

甘 肃 省 地 方 标 准

DB62/T1882—2009

制种玉米垄膜沟灌节水栽培技术规程

2009-12-28 发布　　　　　　　　　　　　　　　2010-01-01 实施

甘肃省质量技术监督局　　发布

前　　言

本标准由甘肃省农业科学院提出。

本标准起草单位：甘肃省农业科学院土壤肥料与节水农业研究所。

本标准主要起草人：连彩云、马忠明、张立勤、徐生明、王智琦、杨君林、曹诗瑜、薛亮。

制种玉米垄膜沟灌节水栽培技术规程

1 范围

本标准规定了制种玉米垄膜沟灌节水栽培技术的术语定义、产量指标、种植规格和栽培技术等内容。

本标准适用于海拔 1700m 以下河西绿洲灌区、沿黄灌区及相似生态类型区的灌溉地。

2 规范性引用文件

下列文件中的条款通过本标准的引用而成为本标准的条款。凡是注日期的引用文件，其随后所有的修改单（不包括勘误的内容）或修订版均不适用于本标准，然而，鼓励根据本标准达成协议的各方研究可使用这些文件的最新版本。凡是不注日期的引用文件，其最新版本适用于本标准。

GB4285　　农药安全使用标准

GB4404　　粮食作物种子 禾谷类

GB5084　　农田灌溉水质标准

GB/T3543　农作物种子检验规程

GB/T8321　农药合理使用准则（所有部分）

NY5010　　农田产地环境条件标准

3 术语和定义

下列术语和定义适用于本标准。

3.1 半膜覆盖

玉米生育期内，只在垄面进行地膜覆盖、而垄沟内不覆盖地膜的栽培方法。

3.2 全膜覆盖

玉米生育期内，在垄面和垄沟进行地膜覆盖，实行全地面地膜覆盖的栽培方法。

3.3　垄膜沟灌

改传统的平作种植为地面起垄种植，垄上覆膜种植制种玉米，沟内灌水并通过侧渗供给玉米需水的一种栽培方法。

4　产地环境条件

4.1　产地景观环境和环境质量

符合 NY5010 农田产地环境条件标准。

4.2　土壤肥力

耕层 0～20cm 的有机质含量达到 12～18g/kg，全氮（N）0.8～1.0g/kg，速效磷（P_2O_5）7～10mg/kg，速效钾（K_2O）100mg/kg 以上。要求选择地力均匀、排灌方便、地面平坦、耕层深厚、保水保肥的地块。

4.3　气象条件

4.3.1　光照

全生育期需要光照 800～1100h。

4.3.2　温度

全生育期需要活动积温 2500～3300℃。

4.4　隔离要求

在玉米制种田四周 300m 的隔离范围内严禁种植不同品系的玉米。

4.5　灌溉水条件

符合 GB5084 农田灌溉水质标准。

5　产量指标

5.1　产量

制种玉米产量为 6000～9000kg/hm^2。

5.2　产量构成

制种玉米母本的保苗密度 9.0 万～9.75 万株/hm^2，穗粒数 260～360 粒，千粒重 250～350g。

5.3　节水指标

与传统平作栽培相比，全膜覆盖节水 35%～37.5%，半膜覆盖节水 25%～27%。

6　栽培技术

本条款没有说明的栽培措施，仍按常规操作。

6.1　茬口要求

避免与制种玉米及玉米连作，前茬以选择小麦、大麦、马铃薯、豆类、油料等作物为宜，并建立合理的轮作倒茬制度。

6.2　种子质量

种子符合 GB4404 粮食作物种子 禾谷类。

6.3　亲本种子处理

播前对亲本种子进行精选，选择籽粒饱满的种子，晒种 1～2d，以提高种子发芽率和发芽势。然后选用适宜的包衣剂，按一定的比例对亲本种子进行包衣处理，并将包衣好的种子晾干。

6.4　施肥

农家肥施 60 000～75 000kg/hm^2，全部作基肥。化肥施 N 240～300kg/hm^2、P$_2$O$_5$ 240～300kg/hm^2，其中 P$_2$O$_5$ 全部作基肥，N 72～90kg/hm^2 作基肥，72～90kg/hm^2 在玉米拔节期结合头水追施，96～120kg/hm^2 抽雄后结合三水追施。基肥结合播前浅耕翻入土壤，追肥灌水前在垄沟内穴施于膜侧。

6.5　起垄与覆膜

底肥施入后，用起垄覆膜机一次性完成起垄覆膜，垄幅 100cm、垄宽 60cm、垄沟宽 40cm、垄高 20cm，要求垄面平整，无土块、草根等硬物。半膜覆盖选用幅宽 90cm 的地膜（厚度 0.005～0.007mm），全膜覆盖选用幅宽 140cm 的地膜（厚度 0.005～0.007mm），于玉米播种前 5～7d 进行覆膜。要求地膜贴紧地面，两边压严，每隔 2～3m 打一土腰带。

6.6　播种

6.6.1　播种期

于 4 月中旬，当 5～10cm 土层地温稳定在 12℃以上时开始播种母本。父母本是否错期播种以及具体错期时间根据不同组合的要求确定。

6.6.2　播种量

制种玉米母本播量为 45～52.5kg/hm^2，父本播种量为 7.5～9.0kg/hm^2。

6.6.3　播种方式

垄面上种植两行母本，母本行距 50cm，株距以种植品种的不同而异，一般为 20～22cm。父本采用满天星播种方法，播于垄面两行母本中间，株距依据所选组合父本散粉量的多少而定，一般为 40～50cm 为宜。父母本均每穴播种 2～3粒种子，播深 4～5cm，播后用土封严膜孔。

6.7 田间管理

6.7.1 及时放苗封口

幼苗露出地面后必须及时放苗，防止因苗孔错位而造成出苗不齐或烧苗，苗放出后，要用细土或细沙将穴口封严，以保证地膜的保温、保湿作用和防止幼苗被大风吹断。

6.7.2 间苗、定苗

父母本间、定苗采用单株留苗方式，间、定苗在 4～5 叶期进行。结合间、定苗，根据父母本苗期的典型性状拔除杂株、畸形株和病株以及不在种植行的植株。

6.7.3 人工辅助授粉

玉米花期遇高温天气和大气干旱，花粉量不足，或雌雄穗花期相遇不好时，可进行人工辅助授粉。

6.7.4 灌水

6.7.4.1 灌溉次数与灌溉定额

全生育期灌水 5～6 次，全膜覆盖灌溉定额为 390～450mm，半膜覆盖灌溉定额为 450～525mm。

6.7.4.2 灌水时间与灌水量

母本拔节期（5 月下旬至 6 月上旬）灌头水，全膜覆盖、半膜覆盖灌水量分别为灌溉定额的 20%和 25%；大喇叭口期（6 月下旬）灌二水，全膜覆盖、半膜覆盖灌水量为灌溉定额的 20%；抽雄后（7 月中下旬）灌三水，全膜覆盖、半膜覆盖灌水量分别为灌溉定额的 25%和 20%；灌浆中期（8 月上中旬）灌四水，全膜覆盖、半膜覆盖灌水量为灌溉定额的 20%；灌浆后期（8 月下旬）灌五水，全膜覆盖、半膜覆盖灌水量为灌溉定额的 15%。逢干旱年份加灌一次。灌水要小水慢灌，注意不要漫垄，使灌溉水通过沟内侧渗进入垄体制种玉米生长带。

6.7.5 中耕除草

全生育期中耕、除草 2～3 次。

6.7.6 病虫草害防治

6.7.6.1 农药使用原则

农药用量依照 GB4285 农药安全使用标准进行，使用方法依照 GB/T8321 农药合理使用准则（所有部分）进行。

6.7.6.2 农业防治

消灭田边杂草、铲埂除蛹、轮作倒茬。

6.7.6.3 化学防治

病害防治：玉米锈病发病初期及时喷药防治，有效药剂有 0.2 波美度的石硫合剂、25%粉锈宁可湿性粉剂 1000～1500 倍液、12.5%速保利可湿性粉剂 3000～4000 倍液。一般隔 10d 左右喷一次，连续防治 2～3 次，可有效控制病害流行。

虫害防治：如果玉米种子没有包衣，可用种子量的 0.5%甲基异柳磷稀释 20 倍拌来防治金针虫危害种子；红蜘蛛防治可用 40%氧化乐果 1000 倍液喷洒 2～3 次；玉米螟危害玉米时，用 20%敌杀死乳油 300ml/hm^2，或 1605 乳油 750ml/hm^2，兑成 450kg/hm^2 左右的药液，将喷头对准玉米喇叭口，向下喷心叶。

草害防治：在玉米播种后出苗前，用 40%乙莠水悬浮剂 2250～3000ml/hm^2 兑水 600～750kg，或 50%都阿合剂 2250～3000ml/hm^2 兑水 600～750kg，均匀喷施于土表可有效防除一年生禾本科杂草和阔叶杂草；或 50%的禾宝乳油 1200～1500ml/hm^2 兑水 600～750kg，均匀喷施于地表对一年生禾本科杂草及马齿苋、野苋菜等阔叶杂草有特效；或40%甲特(特丁异丙)2250～6000ml/hm^2 兑水 600～750kg，对一年生的禾本科杂草及蓼、藜苋等小粒种子的阔叶杂草有较好的防除效果。

7 去杂

7.1 苗期去杂
根据幼苗叶形，叶鞘颜色和幼苗长势去杂，去除杂苗、劣苗、可疑苗。

7.2 大喇叭口期去杂
拔除同期播种的过矮、过高、过壮、过旺株。

7.3 花期去杂
在父母本抽雄前，彻底砍除父或母本行中的异型株和可疑株，要求母本杂株率不得超过 0.2%，父本杂株率不得超过 0.1%。

7.4 成熟期去杂
收获时剔除穗型、粒型、粒色、穗轴色不同的杂穗。

8 去雄

当母本植株顶叶 80%左右露尖，手伸到雄穗处能摸到发软的雄穗时开始去雄。带 1～2 片叶子及时抽取雄穗。每天上午 10 点前和下午 4 点后各复检一次，做到及时彻底干净，不留残枝断枝，直到雄穗彻底去除，去除的雄穗要及时掩埋或带离制种田 500m 以外。

9 砍除父本

在父本散粉结束后，及时砍除父本，并逐行清理干净。

10 收获贮存

当茎秆变黄、叶片枯萎、籽粒已完全硬化并显现品种固有色泽时及时收获，收获要单收、单晒、单贮，确保种子收获不混杂。

11 清除残膜

收获后挖去玉米残根，用废膜捡拾机或人工清除废膜，平整土地。

12 产品要求

12.1 质量
符合 GB4404 粮食作物种子 禾谷类规定的质量标准。

12.2 检验规则
按 GB/T3543 农作物种子规定执行。

附件 7

ICS
B
备案号：30799-2011

DB62

甘 肃 省 地 方 标 准

DB62/T2109—2011

马铃薯垄膜沟灌节水栽培技术规程

2011-06-09 发布

2011-07-07 实施

甘肃省质量技术监督局 发布

前　言

本标准依据 GB/T1.1—2009《标准化工作导则》给出的规则编写。

本标准由甘肃省农业科学院提出。

本标准起草单位：甘肃省农业科学院土壤肥料与节水农业研究所、农业部张掖绿洲灌区农业生态环境科学观测实验站。

本标准主要起草人：连彩云、马忠明、张立勤、徐生明、王智琦、杨君林、薛亮、唐文雪。

马铃薯垄膜沟灌节水栽培技术规程

1 范围

本标准规定了马铃薯垄膜沟灌节水栽培技术的定义、产量指标、节水指标、环境条件、农艺技术、收获、残膜处理及产品要求等内容。

本标准适用于甘肃省河西绿洲灌区、沿黄灌区及相似生态类型区的灌溉地。

2 规范性引用文件

下列文件对于本文件的应用是必不可少的，凡是注日期的引用文件，仅注日期的版本适用于本文件，凡是不注日期的引用文件，其最新版本（包括所有的修改单）适用于本文件。

GB4285　　　农药安全使用标准

GB18133　　马铃薯脱毒种薯

GB5084　　　农田灌溉水质标准

GB/T8321　　农药合理使用准则（所有部分）

NY5010　　　无公害食品　蔬菜产地环境条件

NY5221　　　无公害食品　薯芋类蔬菜

3 术语和定义

下列术语和定义适用于本标准。

垄膜沟灌

改传统平作为地面起垄，垄上覆膜种植，沟内灌水并通过侧渗供给作物需水的一种耕作方法。

4 产量指标

因种植品种不同而异，一般产量为 25 000～60 000kg/hm^2。

5 节水指标

采用垄膜沟灌节水栽培技术后，在同等条件下，比传统栽培技术节水 20%～

30%。

6 环境条件

6.1 产地环境

符合 NY5010 无公害食品 蔬菜产地环境条件。

6.2 灌溉用水

符合 GB5084 农田灌溉水质标准。

7 栽培技术

本条款没有说明的栽培措施，仍按常规操作。

7.1 种薯质量

符合 GB18133 马铃薯脱毒种薯标准。

7.2 品种选择

在应用脱毒种薯的基础上，根据用途，选用适宜的优良品种，可选用克新 4 号、陇薯 5 号、大西洋等品种。

7.3 选地整地

7.3.1 选地

选择 3 年未种过马铃薯或茄科作物（茄子、辣椒、西红柿等）的地块，土地肥沃，排灌方便，土层深厚，并具有可持续生产能力的农业生产区域。前茬施用长效除草剂的地块，不可种植马铃薯。

7.3.2 整地

地块应进行秋深翻或早春翻，深度 25cm 以上，播种前打碎坷垃，捡净根茬，做到精细整地。

7.4 播种

7.4.1 薯块选择

种薯具有该品种特征，薯块大小均匀，无病虫，伤口愈合，无冻伤。

7.4.2 种薯处理

7.4.2.1 催芽

播前 25～30d 出窖，放入室内近阳光处或室外背风向阳处平铺 2～3 层，种薯上下各铺 3～4 层细沙，温度保持 15～20℃，湿度保持在 75%～80%，夜间注意防寒，3～5d 翻动一次，均匀见光，进行催芽。在催芽过程中淘汰病、烂薯。

7.4.2.2 切块

大薯视芽眼，螺旋形向顶部切；中薯纵切 3～4 块；小种薯视芽眼纵切 2 块，或整薯播种，每一薯块至少带有 1～2 个芽眼，切块薯重 20～25g。

7.4.3 播种期

4 月上、中旬，一般土壤深约 10cm 处地温稳定大于 7℃开始播种。

7.4.4 播种方式

采用双行"品"字形种植，按行距放置种薯，行距 40cm，株距 28～37cm，播深 5～7cm，保苗 67 500～90 000 穴/hm^2。

7.5 起垄与覆膜

7.5.1 起垄

按行距 40cm 开沟，沟深 5～7cm，放种薯时使薯芽向上，然后覆土起垄，垄幅 80cm、垄面宽 50cm、垄沟宽 30cm、垄高 15～17cm，要求垄面平整，无土块、草根等硬物。

7.5.2 覆膜

垄面压实后选用幅宽 90cm 的地膜（厚度 0.008mm）覆盖，地膜贴紧地面，两边压严，不要留有缝隙，以免被风刮走。杂草严重的地块，覆膜前应选用 50%乙草胺乳油 1500ml/hm^2 兑水 450kg/hm^2 喷施垄面，然后再覆膜。

7.6 施肥

测土配方施肥，做到氮、磷、钾及微量元素合理搭配。马铃薯需肥比例一般为纯 N：纯 P$_2$O$_5$：纯 K$_2$O=1kg：0.4kg：2.2kg。

7.6.1 基肥

施农家肥 30 000kg/hm^2（有机质含量在 8%以上）做底肥，农家肥在播种前结合整地施入土壤，纯 N 142.5kg/hm^2、纯 P$_2$O$_5$ 180kg/hm^2、纯 K$_2$O 627kg/hm^2 混拌均匀后在播种时施于两穴之间。

7.6.2 追肥

现蕾期培土时，结合第一次灌水追纯 N 142.5kg/hm^2。

7.7 灌水

7.7.1 灌溉定额

生育期灌溉定额为 2700～3750m^3/hm^2。

7.7.2 灌水时间及次数

全生育期灌水 4 次，现蕾期灌头水，灌水量为 67.5～93.8mm；始花期灌二水，灌水量为 40.5～56.3mm；盛花期灌三水，灌水量为 108～150mm；终花后灌四水，灌水量为 54～75mm。灌水要小水慢灌，注意不要漫垄，使灌溉水通过沟内侧渗进入垄体马铃薯生长带。

7.8 田间管理

7.8.1 及时放苗封口

当幼苗长出 1～2 片叶时，即可放苗。方法是对准幼苗的地方将地膜划一个"十"字形口把幼苗引出膜外，然后用细土封严幼苗周围地膜，以保温保墒。放苗应选晴天上午 10 时以前或下午 4 时以后，阴天可全天放苗。

7.8.2 中耕除草

全生育期中耕除草 2～3 次。

7.8.3 病虫害防治

7.8.3.1 防治原则

按"预防为主、综合防治"的方针，坚持以农业防治和生物防治为核心，科学使用化学防治技术。

7.8.3.2 农业防治

选用抗病品种，选用无病虫种薯，实行轮作制度，测土平衡施肥，及时清除病苗、病叶。

7.8.3.3 生物防治

采用细菌、病毒制剂及农用抗生素、 性诱剂等生物方法防治。

7.8.3.4 化学防治

根据病虫害的预测预报，农药用量依照 GB4285 农药安全使用标准进行，使用方法依照 GB/T8321 农药合理使用准则（所有部分）进行。采用高效、低毒、低残留农药，使用合理的方法和适用的器械进行防治。主要病虫害和部分推荐农药见附录 A。

8 及时收获

当 2/3 的叶片变黄，植株开始枯萎时收获。收获前先清除地膜，收获时防止机械损伤，提高商品率，并对薯块按大小分级。

9 残膜处理

清除的废旧地膜应集中回收处理，减少对土壤及环境的污染。

10　产品质量

符合 NY5221 无公害食品　薯芋类蔬菜的要求。

附录 A
（资料性附录）
马铃薯主要病虫害和部分推荐农药

A.1　马铃薯主要病虫害和部分推荐农药

表 A.1　马铃薯主要病虫害和部分推荐农药

病虫害名称	药剂名称	使用方法
地老虎	10%辛硫磷颗粒剂	播种时，用 10%辛硫磷颗粒剂 2.5kg，拌细土 20kg 穴施覆土
晚疫病	58%甲霜灵锰锌可湿性粉剂	甲霜灵 800～1000 倍液喷雾。每 7～10d 喷 1 次，连续喷 3～4 次
早疫病	25%甲霜灵可湿性粉剂	用 25%甲霜灵可湿性粉剂 500～700 倍喷雾，每 7～10d 喷 1 次，连续喷 2 次
环腐病	77%可杀得可湿性粉剂	用 77%可杀得可湿性粉剂 1000 倍液喷施 1～2 次

附件 8

ICS 65.020.20
B 05
备案号：30798-2011

DB62

甘 肃 省 地 方 标 准

DB62/T2108—2011

加工型甜椒垄膜沟灌节水栽培技术规程

2011-06-09 发布   2011-07-07 实施

甘肃省质量技术监督局　　发布

前　　言

本标准依据 GB/T1.1—2009《标准化工作导则》给出的规则编写。

本标准由甘肃省农业科学院提出。

本标准起草单位：农业部张掖绿洲灌区农业生态环境科学观测实验站、甘肃省农业科学院土壤肥料与节水农业研究所。

本标准主要起草人：张立勤、马忠明、王智琦、杨君林、徐生明、连彩云、薛亮、唐文雪。

加工型甜椒垄膜沟灌节水栽培技术规程

1 范围

本标准规定了加工型甜椒垄膜沟灌节水栽培技术的术语定义、产地条件、产量及节水指标、选地与整地、育苗及定植、施肥、灌水、田间管理、病虫害防治、适时采收、采后处理、产品要求、残膜清除等内容。

本标准适用于河西绿洲灌区、沿黄灌区及相似生态类型区的灌溉地。

2 规范性引用文件

下列文件对于本文件的应用是必不可少的，凡是注日期的引用文件，仅注日期的版本适用于本文件，凡是不注日期的引用文件，其最新版本（包括所有的修改单）适用于本文件。

GB4285　　　　农药安全使用标准
GB5084　　　　农田灌溉水质标准
GB/T8321　　　农药合理使用准则（所有部分）
GB16715.3　　 瓜菜作物种子　茄果类
GB18406.1　　 农产品安全质量　无公害蔬菜要求
GB/T18407.1　农产品安全质量　无公害蔬菜产地环境要求
NY/T496　　　 肥料合理使用准则　通则

3 术语和定义

下列术语和定义适用于本标准。

垄膜沟灌

改传统平作为地面起垄，垄上覆膜种植，沟内灌水并通过侧渗供给作物需水的一种耕作方法。

4 产地条件

4.1 产地环境和环境质量

产地环境质量符合 GB/T18407.1 的规定。

4.2　土壤肥力

选择土层深厚、地力均匀、排灌方便、地面平坦、耕层深厚、保水保肥的地块。土壤质地为壤土或沙壤土，有机质含量达到 10g/kg 以上，全氮（N）0.7g/kg 以上，速效磷（P_2O_5）10mg/kg 以上，速效钾（K_2O）70mg/kg 以上，pH 6.2～8.5，含盐量在 0.5%以下。

4.3　海拔

种植区域海拔≤1700m。

4.4　气象条件

4.4.1　无霜期

种植区域无霜期≥130d。

4.4.2　光照

要求日照时数 1200h 以上。

4.4.3　温度

≥10℃的有效积温 2350℃以上。

4.5　灌溉水条件

符合 GB5084 农田灌溉水质标准。

5　产量及节水指标

5.1　产量

加工型甜椒产量为 67 500～90 000kg/hm²。

5.2　产量构成

保苗密度 10.5 万～12.0 万株/hm²，单株结果数 4～7 个，单果重 100～160g。

5.3　节水指标

与传统平作栽培相比，节水 18%～26%。

6　选地与整地

6.1　选地

选择前茬为小麦、大麦、豆类、玉米、坡降≤1‰的地块，避免与茄果类作物连作。

6.2　整地

播前结合施基肥浅耕一次，耕深 15～18cm，耕后及时耙糖，镇压保墒，要求地平、土绵、墒足，地面无土块和竖立草根。

7 种子准备

种子质量符合 GB16715.3 瓜菜作物种子 茄果类要求。

7.1 品种选择

选择茄门甜椒、世纪甜椒王、河西甜椒 1 号等抗病、高产、优质、适合加工要求的大果型品种。

7.2 浸种消毒

先将种子用清水预浸 4~5h，再用 1%硫酸铜溶液浸种 5min，或 10%的磷酸三钠水溶液浸种 20~30min，或 300 倍液的福尔马林和 1%的高锰酸钾溶液浸种 20~30min，然后取出，用清水将种子冲洗干净。

7.3 催芽

把浸好的种子用湿布包好放在 25~30℃的条件下催芽，至 50%以上的种子萌芽。

8 育苗及定植

8.1 育苗

3 月上旬，选用多年未种过茄科类蔬菜和瓜类的肥沃园土 60%、腐熟有机肥 30%、草木灰 10%混合过筛配制成床土，用 50%多菌灵可湿性粉剂与 50%福美双可湿性粉剂按 1：1 混合，按每平方米用药 8~10g 与 15~30g 细土混合，播种时 2/3 铺在床面，播种后 1/3 覆在种子上面，建好拱棚，扣棚升温。按 8cm×8cm 株行距均匀点播，每穴 2~3 粒，播种后均匀覆床土 1~1.5cm。2 叶 1 心时剪掉病苗、弱苗、小苗及杂苗。

8.2 炼苗

定植前 12~14d，加大通风量和延长通风时间，定植前 7d 应逐渐加大温差，进行炼苗，使小苗充分适应外界环境，提高移栽后的成活率。

8.3 起垄、覆膜

加工型甜椒移栽前 5~7d 开沟起垄，然后人工覆膜，要求垄幅 100cm、垄面宽度 65~70cm、垄沟宽 30~35cm、垄高 20~25cm，垄面覆宽幅为 100cm 的地膜，覆膜后地膜贴紧地面，两边压严，每隔 2~3m 打一土带。

8.4 定植

在 5 月上中旬进行，尽量避免最后一次晚霜对植株产生冻害，采取双行"丁"字形定植，垄面移栽两行加工型甜椒，要求株距 33~38cm，每穴定植 2 株。定植后及时灌水缓苗。

9 施肥

肥料使用符合 NY/T496 的要求。

9.1 基肥

结合浅耕基施高温腐熟农家肥 75 000～90 000kg/hm²，化肥 N 180kg/hm²、P₂O₅ 90kg/hm²，K₂O 135kg/hm²。

9.2 追肥

生育期追肥 2 次，第一次在开花初期进行，追施化肥 N 210kg/hm²、K₂O 135kg/hm²；第二次在结果盛期进行，追施化肥 N 210kg/hm²。

10 灌水

10.1 灌溉定额

生育期灌溉定额为 420～540mm。

10.2 灌溉次数

生育期灌水 5～6 次。

10.3 灌水时期和灌水定额

头水在定植后进行，灌溉定额为 120～135mm。若大气干旱严重，在开花前 2～3d 灌第二水（若土壤墒情较好，可不灌），灌溉定额 67.5～75mm；门椒坐果后灌三水，灌溉定额 82.5～90mm；门椒采摘后灌四水，灌溉定额 75～82.5mm；间隔 15d 灌五水，灌溉定额 67.5～75mm；五水后 20d 灌六水，灌溉定额 75～82.5mm。灌水时切忌漫垄，如气温较高，二水后的灌溉应在早晨 8 时以前或在夜晚进行。

11 田间管理

11.1 补苗

定植后，田间发现移栽幼苗没有成活而出现空穴时，及时进行补栽。

11.2 植株调整

11.2.1 插架

坐果后，在垄肩用细竹竿插架，竿间拉尼龙绳，防止倒秧。

11.2.2 整枝、疏果

坐果前，将门椒和门椒以下的侧枝全部去掉，并及时清除植株底部黄叶、病叶和弱枝，疏掉畸形果和弱小果。

11.3　杂草防除

甜椒定植后，人工除草 2～3 次。

12　病虫害防治

农药用量依照 GB4285 农药安全使用标准进行，使用方法依照 GB/T8321 农药合理使用准则（所有部分）进行。

12.1　主要病虫害

加工型甜椒的主要病害是疫病、白粉病、病毒病、炭疽病和日灼病；主要虫害是蚜虫、白粉虱和红蜘蛛等。

12.2　防治方法

12.2.1　农业防治

选用抗病虫品种、培育无病壮苗、苗期适当通风，控制幼苗徒长。及时摘除病叶、病枝，消灭田边杂草、铲埂除蛹，避免与茄子、辣椒、番茄等茄科作物连作，实行 3 年以上轮作。

12.2.2　化学防治

具体方法见附录 A。

13　适时采收

根据市场行情和脱水厂的需求，门椒采摘在花谢后 20～25d 进行，青椒和红椒在果实充分肥大、皮色转浓、果皮坚实而有光泽、达到成熟特性时采收。

14　采后处理

剔除病、虫、伤、畸形果。根据大小、形状、色泽进行分级包装。

15　产品要求

产品质量符合 GB18406.1 要求。

16　残膜清除

收获后挖去甜椒残根，用废膜捡拾机或人工清除废膜，平整土地。

附录 A

（资料性附录）

加工型甜椒垄膜沟灌节水栽培主要病虫害化学防治方法

A.1　加工型甜椒垄膜沟灌节水栽培主要病虫害化学防治方法

表 A.1　加工型甜椒垄膜沟灌节水栽培主要病虫害化学防治方法

病虫害名称	防治指标（适期）	防治药剂及使用剂量	使用方法	安全间隔期
疫病	发病初期	64%杀毒矾可湿性粉剂 800 倍液 70%乙磷锰锌可湿性粉剂 500 倍液 75%百菌清可湿性粉剂 600 倍液	喷雾 喷雾 喷雾	≥12d ≥10d ≥7d
白粉病	发病初期	用 50%硫磺悬浮剂 500 倍液 70%甲基托布津可湿性粉剂 1000 倍液	喷雾 喷雾	≥3d ≥14d
病毒病	发病前或发病初期	20%病毒 A 可湿性粉剂 500 倍液 1.5%植病灵乳剂 1000 倍液	喷雾 喷雾	≥7d ≥10d
炭疽病	发病初期	50%混杀硫悬浮剂 500 倍液 75%百菌清可湿性粉剂 600 倍液 70%甲基托布津 1000 倍液 70%代森锰锌 400 倍液 50%福美双可湿性粉 600 倍液	喷雾，重点喷施植株中下部及叶背面	≥10d ≥7d ≥14d ≥15d ≥7d
日灼病	发病初期	硫酸铜溶液 1000 倍液 0.1%氯化钙溶液	喷雾 喷雾	
蚜虫	危害初期	2.5%敌杀死 3000 倍液 0.6%苦参碱植物农药 300 倍液	喷雾 喷雾	≥2d
白粉虱、红蜘蛛	危害初期	1.8%阿维菌素乳油 3000 倍液	喷雾	≥20d

附件 9

ICS 65.020.20
B 05
备案号：30797-2011

DB62

甘　肃　省　地　方　标　准

DB62/T2107—2011

加工型番茄垄膜沟灌节水栽培技术规程

2011-06-09 发布

2011-07-07 实施

甘肃省质量技术监督局　　发布

前　言

本标准依据 GB/T1.1—2009《标准化工作导则》给出的规则编写。

本标准由甘肃省农业科学院提出。

本标准起草单位：农业部张掖绿洲灌区农业生态环境科学观测实验站、甘肃省农业科学院 土壤肥料与节水农业研究所。

本标准主要起草人：张立勤、马忠明、王智琦、杨君林、徐生明、连彩云、薛亮、唐文雪。

加工型番茄垄膜沟灌节水栽培技术规程

1 范围

本标准规定了加工型番茄垄膜沟灌节水栽培技术的术语定义、产地条件、产量及节水指标、选地与整地、种子准备、育苗移栽或直播、施肥、灌水、田间管理、病虫害防治、收获、产品质量、残膜清除等内容。

本标准适用于河西绿洲灌区、沿黄灌区及相似生态类型区的灌溉地。

2 规范性引用文件

下列文件对于本文件的应用是必不可少的，凡是注日期的引用文件，仅注日期的版本适用于本文件，凡是不注日期的引用文件，其最新版本（包括所有的修改单）适用于本文件。

GB4285　　　农药安全使用标准

GB5084　　　农田灌溉水质标准

GB/T8321　　农药合理使用准则（所有部分）

GB16715.3　　瓜菜作物种子 茄果类

GB18406.1　　农产品安全质量 无公害蔬菜要求

GB/T18407.1 农产品安全质量 无公害蔬菜产地环境要求

NY/T496　　　肥料合理使用准则 通则

3 术语和定义

下列术语和定义适用于本标准。

垄膜沟灌

改传统平作为地面起垄，垄上覆膜种植，沟内灌水并通过侧渗供给作物需水的一种耕作方法。

4 产地条件

4.1 产地环境

符合 GB/T18407.1 无公害蔬菜产地环境要求。

4.2 土壤肥力

选择土层深厚、地力均匀、排灌方便、地面平坦、耕层深厚、保水保肥的地块。土壤质地为壤土或沙壤土，有机质含量达到 10g/kg 以上，全氮（N）0.7g/kg 以上，速效磷（P_2O_5）10mg/kg 以上，速效钾（K_2O）70mg/kg 以上，pH 7.0～8.0，含盐量在 0.5% 以下。

4.3 海拔

种植区域海拔≤1700m。

4.4 气象条件

4.4.1 无霜期

种植区域无霜期≥130d。

4.4.2 光照

要求日照时数 1100h 以上。

4.4.3 温度

≥10℃的有效积温 2700℃以上。

4.5 灌溉水条件

符合 GB5084 农田灌溉水质要求。

5 产量及节水指标

5.1 产量

加工型番茄产量为 75 000～90 000kg/hm²。

5.2 产量构成

保苗密度 4.50 万～5.25 万株/hm²，单株结果数 30～50 个，单果重 50～70g。

5.3 节水指标

与传统平作栽培相比，节水 21%～25% 以上。

6 选地与整地

6.1 选地

选择前茬为小麦、大麦、棉花、豆类、油料作物、玉米，坡降≤1‰的地块，避免与茄果类或马铃薯等作物连作。

6.2 整地

播前结合施基肥浅耕一次，耕深 15～18cm，耕后及时耙糖，镇压保墒，要求地平、土绵、墒足，地面无土块和竖立草根。

7 种子准备

种子质量符合 GB16715.3 要求。

7.1 品种选择

根据具体上市时期和栽培时间选择格尔 87-5、石红 2 号、祁连巨峰 198 等生长势强、易坐果、抗病、优质、高产、耐贮运、商品性好的品种。

7.2 种子消毒

7.2.1 浸种

7.2.1.1 温水浸种

把种子放入 55℃热水，维持水温均匀浸泡 15min。

7.2.1.2 磷酸三钠浸种

先用清水浸种 3～4h，再放入 10%磷酸三钠溶液中浸泡 20min，洗净。

7.2.2 拌种

将温水浸种的种子晾干后，每千克种子用 1g 多菌灵拌种。

7.3 催芽

浸种消毒后的种子浸泡 6～8h 后洗净，置于 25℃保温催芽，至 70％种子"露白"时待播。

8 育苗、移栽或直播

8.1 育苗

3 月中旬，选择避风向阳、光照充足、未种过茄科作物的地块做苗床，按每平方米苗床施优质农家肥 10kg、$(NH_4)_2PO_4$ 100g、敌克松 2g 拌沙撒匀，翻 15cm 深耙平、压实。并搭建好拱棚，扣棚升温。当气温稳定通过 12℃时，将处理好的种子播种，播种量为 15g/m²。出苗后，注意通风，以防徒长，第一片真叶长出时，间苗 1 次；第二片真叶长出时，进行第二次间苗。如墒情差，宜小水浅灌，水漫过地即可。

8.2 炼苗

移苗前逐渐增加育苗棚放风次数，进行炼苗。

8.3 起垄、覆膜

于番茄移栽前 5～7d，用起垄覆膜机一次性完成起垄覆膜，或用畜力开沟起垄，然后人工覆膜，要求垄幅 100cm、垄面宽 65～70cm、垄沟宽 30～35cm、垄高 18～20cm，垄面覆宽幅为 90cm 的地膜，覆膜后地膜贴紧地面，两边压严，每隔 2～3m 打一土带。

8.4　移栽

尽量避免最后一次晚霜对植株产生冻害，在 5 月初进行，垄面移栽两行加工型番茄，要求行距 50cm，株距 40～45cm。

8.5　直播

8.5.1　施肥、起垄覆膜措施同育苗移栽

8.5.2　播种

在 4 中下旬 10cm 土层地温稳定通过 12℃后进行，播种时先用简易打点器打点，确定株距，然后垄面膜上开穴点种，要求行距 50cm，株距 40～45cm，播深 2～3cm，播后用细砂土覆盖膜孔，并立即灌水。

9　施肥

肥料使用符合 NY/T496 要求。

9.1　基肥

结合浅耕基施高温腐熟农家肥 60 000～75 000kg/hm²，化肥 N 75～120kg/hm²、P_2O_5 172.5kg/hm²、K_2O 150kg/hm²。

9.2　追肥

在开花期结合头水追施 N 82.5～97.5kg/hm²、K_2O 60kg/hm²，第一次采摘果实后，追施 N 48～60kg/hm²。

10　灌水

10.1　灌溉定额

10.1.1　直播栽培

生育期灌溉定额为 420～465mm。

10.1.2　育苗移栽

生育期灌溉定额为 525～570mm。

10.2　灌水次数

生育期灌水 5～6 次。

10.3　灌水时期及灌水定额

10.3.1　定植前灌溉

直播的加工型番茄在播种后进行，灌水定额 120～135mm，育苗移栽的加工型番茄，在栽苗后连续灌水两次，灌水定额为 105～120mm，期间间隔 4～6d。

10.3.2　定植后灌溉

第一次在开花期进行，灌水定额 82.5～90mm；第二次在果齐后进行，灌水定额 75～90mm；在盛果期进行第三次灌溉，灌溉定额 67.5～82.5mm；第四次灌溉在采摘后进行，灌定水额 75～82.5mm。灌水要小水慢灌，切忌漫垄造成果实溃烂。

11　田间管理

11.1　及时放苗

放苗在 20%～40％幼苗露出地面进行，防止因苗孔错位而造成出苗不齐或烧苗，苗放出后，要用细土或细沙将穴口封严，以保证地膜的保温、保湿作用和防止幼苗被大风吹断。

11.2　定植

五叶期一次性间苗、定苗，每穴留单株壮苗。

11.3　植株调整

11.3.1　插架、吊蔓

当第一果穗开花后，用尼龙绳吊蔓或用细竹竿进行吊蔓、插架，防止倒秧。并及时剪除老化、黄化叶片，以使通风透光好。

11.3.2　摘心、打底叶

当最顶层果穗开花时，留 2～3 片叶子掐心，保留其上的侧枝。第一穗果绿熟期后，及时摘除枯黄有病斑的叶子和老叶。

11.4　杂草防除

定植后人工除草 2～3 次。

12　病虫害防治

农药用量依照 GB4285 农药安全使用标准进行，使用方法依照 GB/T8321 农药合理使用准则（所有部分）进行。

12.1　主要病虫害

加工型番茄的主要病害是早疫病、晚疫病、脐腐病、病毒病、叶霉病，主要虫害是蚜虫、番茄斑潜蝇。

12.2　防治方法

12.2.1　农业防治

选用抗病虫品种、及时摘除病叶、病枝，消灭田边杂草、铲埂除蛹、注意轮作倒茬。

12.2.2　化学防治

具体方法见附录 A。

13　收获

地块内有 40%果实成熟时开始采收，每隔 7～10d 采摘 1 次，分 3～4 次采摘完毕。每次采收时严禁乱翻秧，乱倒秧，避免日灼病。

14　产品质量

产品质量符合 GB18406.1 要求。

15　残膜清除

收获后挖去番茄残根，用废膜捡拾机或人工清除废膜，平整土地。

附录 A
（资料性附录）
加工型番茄垄膜沟灌节水栽培主要病虫害化学防治方法

A.1　加工型番茄垄膜沟灌节水栽培主要病虫害化学防治方法

表 A.1　加工型番茄垄膜沟灌节水栽培主要病虫害化学防治方法

病虫害名称	防治指标（适期）	防治药剂及使用剂量	使用方法	安全间隔期
早疫病	发病初期	70%的代森锰锌 500 倍液 75%百菌清可湿性粉剂 600 倍液	喷雾 喷雾	≥15d ≥7d
晚疫病	发现病株时	5%百菌清粉尘剂 500 倍液 58%甲霜灵锰锌 500 倍液 64%杀毒矾 800 倍液	喷雾 喷雾 喷雾	≥7d ≥15d ≥12d
脐腐病	发现病株时	1%的磷酸钙 1%的硝酸钙 1%的氯化钙	叶面喷施 叶面喷施 叶面喷施	
病毒病	发现病株时	5%的菌毒清水剂 300 倍液	喷雾	
叶霉病	发现病株时	50%的多菌灵可湿性粉剂 600 倍液 70%甲基托布津可湿性粉剂 1000 倍液 75%的百菌清可湿性粉剂 600 倍液	喷雾 喷雾 喷雾	≥5d ≥14d ≥7d
蚜虫	危害初期	0.6%苦参碱植物农药 300 倍液 2.5%敌杀死 3000 倍液	喷雾 喷雾	≥2d
番茄斑潜蝇	危害初期	1.8%阿维菌素乳油 4000 倍液 70%吡虫啉水分散粒剂 4000 倍液	喷雾 喷雾	≥20d ≥7d

附件 **10**

ICS 65.020.20
B 05
备案号：30800-2011

DB62

甘　肃　省　地　方　标　准

DB62/T2110—2011

洋葱垄膜沟灌节水栽培技术规程

2011-06-09 发布

2011-07-07 实施

甘肃省质量技术监督局　　发布

前　　言

本标准依据 GB/T1.1—2009《标准化工作导则》给出的规则编写。

本标准由甘肃省农业科学院提出。

本标准起草单位：农业部张掖绿洲灌区农业生态环境科学观测实验站、甘肃省农业科学院土壤肥料与节水农业研究所。

本标准主要起草人：王智琦、马忠明、张立勤、连彩云、唐文雪、薛亮。

洋葱垄膜沟灌节水栽培技术规程

1 范围

本标准规定了洋葱垄膜沟灌节水栽培技术的术语定义、产地环境条件、产量及节水指标、选地与整地、种子准备、起垄与播种、施肥、灌溉制度、苗期管理和病虫害防治等内容。

本标准适用于河西绿洲灌区、沿黄灌区及其他相似生态类型区的灌溉地。

2 规范性引用文件

下列文件对于本文件的应用是必不可少的，凡是注日期的引用文件，仅注日期的版本适用于本文件，凡是不注日期的引用文件，其最新版本（包括所有的修改单）适用于本文件。

GB4285　　　农药安全使用标准

GB5084　　　农田灌溉水质标准

GB/T8321　　农药合理使用准则（所有部分）

GB10715.1　 蔬菜种子

NY/T1071　　洋葱

3 术语和定义

下列术语和定义适用于本标准。

垄膜沟灌

改传统平作为地面起垄，垄上覆膜种植，沟内灌水并通过侧渗供给作物需水的一种耕作方法。

4 产地环境条件

4.1 土壤肥力

土壤含有机质9g/kg以上，全氮0.5g/kg以上，碱解氮55mg/kg以上，速效磷10mg/kg以上，速效钾90mg/kg以上，pH 6.0～8.0，含盐量低于2.1g/kg，质地良好，灌排方便。

4.2　气象条件

4.2.1　光照

洋葱生长季太阳总辐射量 272.0～313.0kJ/cm^2，日照 950～1300h。

4.2.2　温度

洋葱全生育期需≥10℃活动积温 1600～2100℃。

4.3　灌溉水条件

灌溉水质应符合 GB5084 的要求。

5　产量及节水指标

5.1　产量

洋葱产量 52 500～67 500kg/hm^2。

5.2　产量构成

壮苗密度 416 600 株/hm^2，鳞茎重 150g。

5.3　节水指标

与传统平作栽培相比，节水 15%～25%。

6　选地与整地

6.1　选地

选择 2～3 年未种过葱蒜类蔬菜，并要求坡降小于1‰、灌水方便、地面平整、耕层深厚、肥力较高、保水保肥的地块。

6.2　整地

播前精细整地，要求地平、土绵、墒足，地面无土块和竖立草根。并做到浅耕、耙、耱、镇压连续作业，以减少土壤水分散失。

7　种子准备

7.1　品种选择

选用紫星、黄玉葱等优质、抗病、高产的品种。

7.2　种子质量

种子质量必须符合 GB10715.1 蔬菜种子标准。

7.3　种子处理

播种前选择籽粒饱满的良种，用50℃温水浸种10min；或用40%福尔马林

300倍液浸种3h 后，用清水冲洗干净；或用种子重量0.3%的35%甲霜灵拌种剂拌种。

8　起垄与播种

8.1　起垄腹膜

采用四轮拖拉机牵引起垄覆膜机，使用 90cm 地膜，起垄和覆膜一次完成。在起垄过程中应注意避免行走弯曲，造成起垄不直。要求垄幅 80cm、垄面宽 55cm、垄沟宽 25cm、垄高 20cm。起垄覆膜完成后对垄面及时进行镇压，以防跑墒。

8.2　播种期

洋葱的定植期应严格按照当地温度条件确定。一般在 3 月下旬或 4 月上旬。

8.3　播种量

根据不同品种特性调整，播种量 6～9kg/hm²。

8.4　播种方法

采用人工穴播方式点播，每穴点播 3～5 粒，播种后及时覆盖压实地膜播种孔，以防跑墒。

8.5　种植规格

垄上种 4 行洋葱，行距 15cm，边行洋葱与垄边的距离为 5cm，垄边与垄沟中间种植一行，距垄边 5cm，株距 15cm，播深 2～3cm。

9　施肥

9.1　基肥

农家肥 60～75t/hm²，化肥 P_2O_5 120～165kg/hm²。农家肥在整地前均匀撒施，随整地施入土壤中。化肥在播种前人工均匀撒施，起垄播种时随起垄翻埋于垄体中。

9.2　追肥

根据土壤肥力和生长状况分期追肥。返青时随水追施尿素 75～112.5kg/hm²。植株进入叶旺盛生长期进行第二次追肥，追施尿素、硫酸钾各 75～112.5kg/hm²。鳞茎膨大期是追肥的关键时期，一般需追肥 2 次，间隔 20d 左右。每次随水追施尿素、硫酸钾各 75～112.5kg/hm²。最后一次追肥时间，应距收获期 30d 以上。

10　灌溉制度

10.1　灌溉定额

灌水量每次以 82.5～105mm 为宜。

10.2　灌水次数及灌水时间

前期一般 7～10d 浇 1 次水。鳞茎膨大期增加灌水次数，一般 6～8d 浇 1 次水。收获前 8～10d 停止灌水。灌水时，小水慢灌，要防止漫垄。

11　田间管理

11.1　保全苗、促壮苗

播种后要经常检查土壤墒情和出苗情况，若墒情太差，及时补灌出苗水。

11.2　培垄

出苗后，要及时整理灌水沟，加高垄体，以保证灌水顺畅。

11.3　间苗

在出苗后，待洋葱苗生长健壮，应剔除病苗、弱苗、伤苗并间苗，每穴留 1 株健壮苗。

11.4　杂草防除

采用人工与化学防除方法相结合的方法。

11.4.1　化学方法

用 33%二甲戊乐灵乳油每公顷用 1500～2250g 或用 48%双丁乐灵乳油 3000g，兑水 750kg，覆膜前在苗床表面均匀喷雾。

11.4.2　人工方法

不能进行化学防除时可进行人工拔除株间及垄沟内的大株杂草。

12　病虫害防治

12.1　防治原则

在病虫害流行季节，应注意病虫害的预测预报，做到早发现，早防治。始终贯彻"以防为主，综合防治"的植保方针。使用化学农药时，应执行农药安全使用标准 GB4285，农药合理使用准则执行 GB/T8321（所有部分）。

12.2　主要病虫害

洋葱主要病害是紫斑病、锈病、霜霉病，灰霉病，主要虫害是葱蓟马、葱蝇、葱斑潜蝇。

12.3　防治方法

具体方法见附录 A。

13　收获

8月至9月下旬，当洋葱基部第一、第二片叶子变黄，假茎变软并开始倒伏，即为鳞茎成熟标志，应及时收获。洋葱鳞茎出土后，晾晒2～3d即可上市或在阴凉通风处保存，产品质量应符合NY/T1071要求。

附录 A
（资料性附录）
洋葱垄膜沟灌节水栽培主要病虫害及防治方法

A.1　洋葱垄膜沟灌节水栽培主要病虫害及防治方法

表 A.1　洋葱垄膜沟灌节水栽培主要病虫害及防治方法

病虫害名称	防治时期	防治药物	溶液	施药方法	防治频率	防治次数
紫斑病	发病初期	50%异菌脲可湿性粉剂	1500 倍液	喷雾	7～10d	2 次
锈病	发病初期	15%三唑酮可湿性粉剂	1500～2000 倍液	喷雾	10d	2 次
霜霉病	发病初期	70%代森锰锌可湿性粉剂	500 倍液	喷雾	7～10d	2～3 次
灰霉病	发病初期	50%腐霉利可湿性粉剂	1000 倍液	喷雾	7～10d	2～3 次
葱蓟马	若虫发生高峰期	10%吡虫啉可湿性粉剂	2000～2500 倍液	喷雾	7～10d	2～3 次
葱蝇	成虫发生初盛期	50%辛硫磷乳油	1000～1500 倍液	喷雾	7d	2～3 次
葱斑潜蝇	成虫发生初盛期	1.8%阿维菌素乳油	2000～3000 倍液	喷雾	7～10d	2～3 次

附件 11

ICS
B
备案号：30807-2011

DB62

甘 肃 省 地 方 标 准

DB62/T2117—2011

西瓜垄膜沟灌节水栽培技术规程

2011-06-09 发布　　　　　　　　　　　　　　　　　**2011-07-07** 实施

甘肃省质量技术监督局　　发布

前　　言

本标准依据 GB/T1.1—2009《标准化工作导则》给出的规则编写。

本标准由甘肃省农业科学院提出。

本标准起草单位：甘肃省农业科学院、农业部张掖绿洲灌区农业生态环境科学观测实验站。

本标准主要起草人：马忠明、杜少平、薛亮。

西瓜垄膜沟灌节水栽培技术规程

1 范围

本标准规定了西瓜垄膜沟灌节水栽培技术的术语定义、产地环境条件、产量品质及节水指标、施肥、灌水、栽培技术和病虫害防治等内容。

本标准适用于河西绿洲灌区、沿黄灌区及其他相似生态类型区的灌溉地。

2 规范性引用文件

下列文件对于本文件的应用是必不可少的，凡是注日期的引用文件，仅注日期的版本适用于本文件，凡是不注日期的引用文件，其最新版本（包括所有的修改单）适用于本文件。

GB5084   农田灌溉水质标准

GB/T8321   农药合理使用准则（所有部分）

GB16715.1   瓜菜作物种子 瓜类

NY/T496   肥料合理使用准则 通则

NY5109   无公害食品 西瓜

NY5110   无公害食品 西瓜产地环境条件

3 术语和定义

下列术语和定义适用于本标准。

3.1 半膜覆盖

在沟底和沟的两侧进行地膜覆盖的栽培技术。

3.2 垄作沟灌

改传统平作为地面起垄，垄上覆膜种植，沟内灌水并通过侧渗供给作物需水的一种耕作方法。

4 环境条件

产地符合 NY5110 无公害食品 西瓜产地环境条件要求。

4.1　土壤肥力

有机质含量 12g/kg 以上，碱解氮含量 60mg/kg 以上，速效磷含量 7mg/kg 以上，速效钾含量 100mg/kg 以上，pH 5.0～7.0，土壤含盐量≤3g/kg。

4.2　气象条件

4.2.1　光照

全生育期需要光照 1100～1500h。

4.2.2　温度

全生育期需要≥10℃活动积温 2500～3000℃。

5　产量、品质及节水指标

5.1　产量指标

西瓜产量 64 000～85 000kg/hm^2。

5.2　产量构成

保苗密度 1.6 万～1.7 万株/hm^2，单瓜重 4.0～5.0kg。

5.3　品质指标

西瓜中心可溶性固形物含量为 10.5%～11.2%，边缘可溶性固形物含量为 8.7%～9.4%，可溶性糖含量为 9.8%～10.5%，维生素 C 含量为 7.0～7.5mg/100g，有效酸度为 5.5～5.7，粗纤维含量为 0.6%～0.8%，西瓜含水量为 88%～92%。

5.4　节水指标

与传统栽培相比，节水 30%以上。

6　栽培技术

6.1　选地与整地

6.1.1　选地

选择前茬为小麦、大麦、马铃薯、豆类、油料作物，坡降≤1‰的地块，避免与西瓜或其他瓜类连作，重茬 2 年以上必须做土壤处理。

6.1.2　整地

播前结合施基肥浅耕一次，耕深 15～18cm，耕后及时耙耱，镇压保墒，要求地平、土绵、墒足，地面无土块和竖立草根。

6.2　种子准备

6.2.1　种子质量

种子符合 GB16715.1 瓜菜作物种子　瓜类质量标准要求。

6.2.2　品种选择

选用西农 8 号、高抗冠龙等抗病、耐寒、外观和内在品质好符合市场消费需求的品种。

6.2.3　种子处理

播前对种子进行精选，选择籽粒饱满的种子，晒种 1～2d，以提高种子发芽力和发芽势。然后选用 50%的多菌灵可湿性粉剂 600 倍液浸种 30min，再用清水冲洗晾干。

6.3　开沟起垄

于西瓜播种前 5～7d 用开沟机开沟，开沟要求垄面宽 180cm、垄沟宽 70cm、沟深 30cm，垄面平整，无土块、草根等硬物，垄宽均匀一致，水沟两侧面及沟底平整。

6.4　覆膜

用幅宽 140cm、厚度 0.008mm 的地膜覆盖垄沟和沟两侧垄面，并在沟内膜面均匀撒土压膜。

6.5　播种

6.5.1　播种期

在 4 月下旬，当 5～10cm 土层地温稳定在 12℃以上时开始播种，播期以西瓜出苗后能避开晚霜危害为宜。

6.5.2　种植规格

垄面膜下种植 2 行西瓜，株距 45～50cm，密度 1.6 万～1.7 万株/hm²，播种穴距垄边缘 15～20cm。

6.5.3　播种方式

根据株距调整打孔机打孔间距，在膜面打孔，孔深 4～5cm。然后人工点播，每穴 1～2 粒种子，播后先用细沙覆盖，再用土封严膜孔。

7　施肥

肥料施用依照 NY/T496 肥料合理使用准则 通则进行。

7.1　施基肥

施农家肥 45 000～60 000kg/hm²，纯 N 100～120kg/hm²、P_2O_5 12～16kg/hm²、K_2O 85～112kg/hm²，于播前结合浅耕条施。

7.2　追肥

追肥均随同灌水穴施，第一次在苗期（5 月中旬至下旬）施 N 20～24kg/hm²；

第二次在伸蔓期（6 月中旬至下旬）施 N 40～48kg/hm²；第三次在膨果期（7 月中旬）施 N 40～48kg/hm²。

8　灌水

灌溉水应符合 GB5084 农田灌溉水质标准的要求。

8.1　灌溉定额

生育期间灌溉定额为 269～305mm。

8.2　灌水次数及灌水时间

覆膜前灌水 45mm，灌水后晾晒 2～3d。苗期灌头水，灌水量为 40～45mm；开花至坐果期灌第二水，灌水量为 27～30mm；膨瓜期灌第三至第七水，每 7～10d 灌水一次，每次灌水量为 35～40mm；至成熟前灌第八水，灌水量为 27～30mm，灌水时，入沟流量不宜太大，以不漫垄为宜。头茬瓜采收前 10d 停止灌水。

9　田间管理

9.1　苗期管理

9.1.1　破除板结和地膜检查

出苗前，检查盖膜孔的土是否出现板结，如有板结，要及时破除。地膜若被撕烂或被风刮起，要及时用土压严。

9.1.2　查苗与补苗

出苗后，田间逐行检查并放苗，对缺苗要及时进行补苗。具体做法是选用早熟品种催芽补种，或结合间苗在苗多处带土挖苗，在缺苗处坐水补栽。

9.1.3　间苗

在西瓜三叶期定苗，定苗时留生长健壮的高大苗，拔除长势不好的弱苗、病苗，每穴留苗 1 株。

9.2　整枝摘心

在开花期，坐瓜前后抓紧时间整枝打顶，控制枝蔓生长，促进坐瓜。整枝采用二蔓式整枝法。

二蔓式整枝法：主蔓 4～5 叶时留 3 叶摘心，摘除第一条子蔓；当子蔓长到 20～30cm 时，摘除第一条孙蔓；当子蔓长到 10～12 片叶时摘心打顶，孙蔓不摘心，留其有结实花的孙蔓，摘除无结实花的孙蔓。整枝摘心必须及时，而且要连续进行，不能延误，一直到瓜坐定后进入膨大期方可停止。整枝摘心应在午后进行，防止枝、叶折断，注意不要碰伤幼瓜。

9.3　定瓜

幼瓜长到鸡蛋大小时定瓜，选瓜形整齐、美观、无病伤、个体较大的瓜每株留 1 个，其余全部摘除。选留的瓜应留第二或第三条子蔓中部的第二或第三条孙蔓上结的瓜。选留的瓜要放顺放好，不要使瓜蔓压在瓜上。

10　病虫害防治

灌区西瓜生育期内主要病虫害有枯萎病、炭疽病、病毒病、猝倒病、蔓枯病、霜霉病、瓜蚜和杂草，采用农业防治与化学农药防治相结合的无害化治理原则。

10.1　农业防治

坚持合理轮作，保证轮作年限；春季播前彻底清除瓜田内和四周的紫花地丁、车前等杂草，消灭越冬虫卵，减少虫源基数，可减轻瓜蚜危害；加强田间管理，使用腐熟农家肥；及时防治蚜虫和杂草，拔除并销毁田间发现的重病株和杂草，防止蚜虫和农事操作时传毒，可有效预防病毒病的发生。

10.2　化学农药防治

施用化学农药防治时，药剂使用严格按照附录 GB/T8321 农药合理使用准则（所有部分）的规定执行。

具体方法见附录 A。

11　采收

按果实形态识别，当果皮颜色变深、果柄绒毛脱落、着瓜节位卷须干枯、用手敲击作嘭嘭响时，为成熟瓜，即可采收。采收时间宜选择晴天下午进行，不采雨水瓜和露水瓜，久雨初晴不宜采瓜。采收时轻拿轻放，减少机械损伤。

西瓜产品质量符合 NY5109 无公害食品　西瓜标准要求。

12　清除残膜

收获后挖去西瓜残根，用废膜捡拾机或人工清除废膜，平整土地。

附录 A

（资料性附录）

西瓜垄膜沟灌节水栽培主要病虫草害化学防治方法

A.1　西瓜垄膜沟灌节水栽培主要病虫草害化学防治方法

表 A.1　西瓜垄膜沟灌节水栽培主要病虫草害化学防治方法

防治对象	农药		施药方法	稀释倍数或用量	安全间隔期	使用次数
	通用名	剂型及含量				
枯萎病	多菌灵	50%可湿性粉剂	灌根	500 倍液，250ml/穴		1
	甲基托布津	70%可湿性粉剂	灌根	800 倍液，250ml/穴		1
炭疽病	甲基托布津	70%可湿性粉剂	喷雾	500 倍液	10d	3
	代森锰锌	80%可湿性粉剂	喷雾	2490～3750g/hm^2	21d	3
病毒病	吡虫啉	10%可湿性粉剂	喷雾	2500～3000 倍液	5d	2
	联苯菊酯	2.5%乳油	喷雾	1000～2000 倍液	5d	2
	氯氟氰菊酯	2.5%乳油	喷雾	1000～2000 倍液	5d	2
猝倒病、蔓枯病	杀毒矾 M8	64%可湿性粉剂	喷雾	500～600 倍液	7d	3
	普力克	72.2%水剂	喷雾	800 倍液	7d	3
霜霉病	代森锰锌	80%可湿性粉剂	喷雾	500 倍液	14d	1
	安克锰锌	69%水分散粒剂	喷雾	1000～1200 倍液	7d	3
	甲霜灵	65%可湿性粉剂	喷雾	1000 倍液	14d	1
瓜蚜	氰戊菊酯	40%乳油	喷雾	6000 倍液	7d	2
杂草	乙草胺	50%乳油	播前喷雾	1500～2250ml/hm^2 兑水 450～600kg		1

附件 12

ICS
B
备案号：30806-2011

DB62

甘 肃 省 地 方 标 准

DB62/T2116—2011

甜瓜垄膜沟灌节水栽培技术规程

2011-06-09 发布

2011-07-07 实施

甘肃省质量技术监督局　发布

前　　言

　　本标准依据 GB/T1.1—2009《标准化工作导则》给出的规则编写。

　　本标准由甘肃省农业科学院提出。

　　本标准起草单位：甘肃省农业科学院、农业部张掖绿洲灌区农业生态环境科学观测实验站。

　　本标准主要起草人：马忠明、薛亮、杜少平、张立勤、王智琦、连彩云、徐生明、唐文雪、杨君林。

甜瓜垄膜沟灌节水栽培技术规程

1　范围

本标准规定了甜瓜垄膜沟灌节水栽培技术的术语定义、产地环境条件、产量品质及节水指标、施肥、灌水、栽培技术和病虫害防治等内容。

本标准适用于河西绿洲灌区、沿黄灌区及其他相似生态类型区的灌溉地。

2　规范性引用文件

下列文件对于本文件的应用是必不可少的，凡是注日期的引用文件，仅注日期的版本适用于本文件，凡是不注日期的引用文件，其最新版本（包括所有的修改单）适用于本文件。

　　GB5084　　　农田灌溉水质标准
　　GB/T8321　　农药合理使用准则（所有部分）
　　GB16715.1　瓜菜作物种子　瓜类
　　NY/T496　　肥料合理使用准则　通则
　　NY5010　　　无公害食品　蔬菜产地环境条件
　　NY5109　　　无公害食品　甜瓜

3　术语和定义

下列术语和定义适用于本标准。

3.1　半膜覆盖

在沟底和沟的两侧进行地膜覆盖的栽培技术。

3.2　垄作沟灌

改传统平作为地面起垄，垄上覆膜种植，沟内灌水并通过侧渗供给作物需水的一种耕作方法。

4　环境条件

产地环境质量符合 NY5010 无公害食品　蔬菜产地环境条件的要求。

4.1　土壤肥力

有机质含量 12g/kg 以上，碱解氮含量 60mg/kg 以上，速效磷含量 7mg/kg 以上，速效钾含量 100mg/kg 以上，pH 5.0～7.0，土壤含盐量≤3g/kg。

4.2　气象条件

4.2.1　光照

全生育期需要光照 1100～1500h。

4.2.2　温度

全生育期需要≥10℃活动积温 2500～3000℃。

5　产量、品质及节水指标

5.1　产量指标

甜瓜产量 40 000～70 400kg/hm²。

5.2　产量构成

保苗密度 2.0 万～2.2 万株/hm²，单瓜重 2.0～3.2kg。

5.3　品质指标

甜瓜中心可溶性固形物含量为 13.3%～17.2%，边缘可溶性固形物含量为 10.4%～13.9%，可溶性糖含量为 11.8%～12.5%，维生素 C 含量为 7.2～7.9mg/100g，有效酸度为 5.7～5.9。

5.4　节水指标

与传统栽培相比，节水 30%以上。

6　栽培技术

6.1　选地与整地

6.1.1　选地

选择前茬为小麦、大麦、马铃薯、豆类、油料作物，坡降≤1‰的地块，避免与甜瓜或其他瓜类连作，重茬 2 年以上必须做土壤处理。

6.1.2　整地

播前结合施基肥浅耕一次，耕深 15～18cm，耕后及时耙耱，镇压保墒，要求地平、土绵、墒足，地面无土块和竖立草根。

6.2　种子准备

6.2.1　种子质量

种子符合 GB16715.1 瓜菜作物种子　瓜类质量标准要求。

6.2.2　品种选择

选用银帝、银峰等抗病、耐寒、外观和内在品质好符合市场消费需求的品种。

6.2.3　种子处理

播前对种子进行精选，选择籽粒饱满的种子，晒种 1～2d，以提高种子发芽力和发芽势。然后选用 50%的多菌灵可湿性粉剂 600 倍液浸种 30min，再用清水冲洗晾干。

6.3　开沟起垄

于甜瓜播种前 5～7d 用开沟机开沟，开沟要求垄面宽 130cm、垄沟宽 70cm、沟深 30cm，垄面平整，无土块、草根等硬物，垄宽均匀一致，水沟两侧面及沟底平整。

6.4　覆膜

用幅宽 140cm、厚度 0.008mm 的地膜覆盖垄沟和沟两侧垄面，并在沟内膜面均匀撒土压膜。

6.5　播种

6.5.1　播种期

在 4 月下旬，当 5～10cm 土层地温稳定在 12℃以上时开始播种，播期以甜瓜出苗后能避开晚霜危害为宜。

6.5.2　种植规格

垄面膜下种植 2 行甜瓜，株距 45～50cm，密度 2.0 万～2.2 万株/hm^2，播种穴距垄边缘 15～20cm。

6.5.3　播种方式

根据株距调整打孔机打孔间距，在膜面打孔，孔深 4～5cm。然后人工点播，每穴 1～2 粒种子，播后先用细沙覆盖，再用土封严膜孔。

7　施肥

肥料施用依照 NY/T496 肥料合理使用准则 通则进行。

7.1　施基肥

施农家肥 45 000～60 000kg/hm^2，纯 N 100～120kg/hm^2、P$_2$O$_5$ 12～16kg/hm^2、K$_2$O 85～112kg/hm^2，于播前结合浅耕条施。

7.2　追肥

追肥均随同灌水穴施，第一次在苗期（5 月中旬至下旬）施 N 20～24kg/hm^2；第二次在伸蔓期（6 月中旬至下旬）施 N 40～48kg/hm^2；第三次在膨果期（7 月中旬）施 N 40～48kg/hm^2。

8　灌水

灌溉水应符合 GB5084 农田灌溉水质标准的要求。

8.1　灌溉定额

生育期间灌溉定额为 269～305mm。

8.2　灌水次数及灌水时间

覆膜前灌水 45mm，灌水后晾晒 2～3d。苗期灌头水，灌水量为 40～45mm；开花至坐果期灌第二水，灌水量为 27～30mm；膨瓜期灌第三至第七水，每 7～10d 灌水一次，每次灌水量为 35～40mm；至成熟前灌第八水，灌水量为 27～30mm，灌水时，入沟流量不宜太大，以不漫垄为宜。头茬瓜采收前 10d 停止灌水。

9　田间管理

9.1　苗期管理

9.1.1　破除板结和地膜检查

出苗前，检查盖膜孔的土是否出现板结，如有板结，要及时破除。地膜若被撕烂或被风刮起，要及时用土压严。

9.1.2　查苗与补苗

出苗后，田间逐行检查并放苗，对缺苗要及时进行补苗。具体做法是选用早熟品种催芽补种，或结合间苗在苗多处带土挖苗，在缺苗处坐水补栽。

9.1.3　间苗

在甜瓜三叶期定苗，定苗时留生长健壮的高大苗，拔除长势不好的弱苗、病苗，每穴留苗 1 株。

9.2　整枝摘心

在开花期，坐瓜前后抓紧时间整枝打顶，控制枝蔓生长，促进坐瓜。整枝采用二蔓式整枝法。

二蔓式整枝法：主蔓 4～5 叶时留 3 叶摘心，摘除第一条子蔓；当子蔓长到 20～30cm 时，摘除第一条孙蔓；当子蔓长到 10～12 片叶时摘心打顶，孙蔓不摘心，留其有结实花的孙蔓，摘除无结实花的孙蔓。整枝摘心必须及时，而且要连续进行，不能延误，一直到瓜坐定后进入膨大期方可停止。整枝摘心应在午后进行，防止枝、叶折断，注意不要碰伤幼瓜。

9.3　定瓜

幼瓜长到鸡蛋大小时定瓜，选瓜形整齐、美观、无病伤、个体较大的瓜每株留 1 个，其余全部摘除。选留的瓜应留第二或第三条子蔓中部的第二或第三条孙蔓上结的瓜。选留的瓜要放顺放好，不要使瓜蔓压在瓜上。

10　病虫害防治

灌区甜瓜生育期内主要病虫害有白粉病、枯萎病、炭疽病、病毒病、猝倒病、蔓枯病、霜霉病、瓜蚜、黄守瓜、白粉虱、红蜘蛛和杂草，采用农业防治与化学农药防治相结合的无害化治理原则。

10.1　农业防治

坚持合理轮作，保证轮作年限；春季播前彻底清除瓜田内和四周的紫花地丁、车前等杂草，消灭越冬虫卵，减少虫源基数，可减轻瓜蚜危害；加强田间管理，使用腐熟农家肥；及时防治蚜虫和杂草，拔除并销毁田间发现的重病株和杂草，防止蚜虫和农事操作时传毒，可有效预防病毒病的发生。

10.2　化学农药防治

施用化学农药防治时，药剂使用严格按照附录 GB/T8321 农药合理使用准则（所有部分）的规定执行。

具体方法见附录 A。

11　采收

果皮颜色充分表现出该品种特征特性，瓜柄附近茸毛脱落，瓜顶脐部开始变软，果蒂周围形成离层产生裂纹时即可采收，采收时注意留下 10～15cm 的蔓与果柄。

甜瓜产品质量符合 NY5109 无公害食品　甜瓜标准要求。

12　清除残膜

收获后挖去甜瓜残根，用废膜捡拾机或人工清除废膜，平整土地。

附录 A

（资料性附录）

甜瓜垄膜沟灌节水栽培主要病虫草害化学防治方法

A.1　甜瓜垄膜沟灌节水栽培主要病虫草害化学防治方法

表 A.1　甜瓜垄膜沟灌节水栽培主要病虫草害化学防治方法

防治对象	农药		施药方法	稀释倍数或用量	安全间隔期	使用次数
	通用名	剂型及含量				
白粉病	粉锈宁	20%乳油	喷雾	2000 倍液	20d	1
枯萎病	多菌灵	50%可湿性粉剂	灌根	500 倍液，250ml/穴		1
	甲基托布津	70%可湿性粉剂	灌根	800 倍液，250ml/穴		1
炭疽病	甲基托布津	70%可湿性粉剂	喷雾	500 倍液	10d	3
	代森锰锌	80%可湿性粉剂	喷雾	$2490 \sim 3750 g/hm^2$	21d	3
病毒病	吡虫啉	10%可湿性粉剂	喷雾	$2500 \sim 3000$ 倍液	5d	2
	联苯菊酯	2.5%乳油	喷雾	$1000 \sim 2000$ 倍液	5d	2
	氯氟氰菊酯	2.5%乳油	喷雾	$1000 \sim 2000$ 倍液	5d	2
猝倒病、蔓枯病	杀毒矾 M8	64%可湿性粉剂	喷雾	$500 \sim 600$ 倍液	7d	3
	普力克	72.2%水剂	喷雾	800 倍液	7d	3
	代森锰锌	80%可湿性粉剂	喷雾	500 倍液	14d	1
霜霉病	安克锰锌	69%水分散粒剂	喷雾	$1000 \sim 1200$ 倍液	7d	3
	甲霜灵	65%可湿性粉剂	喷雾	1000 倍液	14d	1
瓜蚜	氰戊菊酯	40%乳油	喷雾	6000 倍液	7d	2
黄守瓜	高效氯氰	4.5%	喷雾	1000 倍液		
白粉虱、红蜘蛛	阿维菌素	1.8%乳油	喷雾	3000 倍液		
杂草	乙草胺	50%乳油	播前喷雾	$1500 \sim 2250 ml/hm^2$ 兑水 $450 \sim 600 kg$		1

附件 13

ICS
B
备案号：30801-2011

DB62

甘 肃 省 地 方 标 准

DB62/T2111—2011

油葵垄膜沟灌节水栽培技术规程

2011-06-09 发布　　　　　　　　　　　　　　　2011-07-07 实施

甘肃省质量技术监督局　　发布

前　　言

本标准依据 GB/T1.1—2009《标准化工作导则》给出的规则编写。

本标准由甘肃省农业科学院提出。

本标准起草单位：农业部张掖绿洲灌区农业生态环境科学观测实验站、甘肃省农业科学院土壤肥料与节水农业研究所。

本标准主要起草人：唐文雪、马忠明、张立勤、连彩云、王智琦、徐生明、杨君林、薛亮。

油葵垄膜沟灌节水栽培技术规程

1 范围

本标准规定了油葵进行垄膜沟灌节水栽培技术的术语定义、产量及节水指标、产地环境条件、栽培技术、施肥、灌水、病虫害防治、田间管理、产品要求等内容。

本标准适用于河西绿洲灌区、沿黄灌区及相似生态类型区的灌溉地。

2 规范性引用文件

下列文件对于本文件的应用是必不可少的，凡是注日期的引用文件，仅注日期的版本适用于本文件，凡是不注日期的引用文件，其最新版本（包括所有的修改单）适用于本文件。

GB4285　　农药安全使用标准

GB4407.2　经济作物种子 油料类

GB5084　　农田灌溉水质标准

GB/T8321　农药合理使用准则（所有部分）

NY/T601　油葵籽

3 术语和定义

下列术语和定义适用于本标准。

垄膜沟灌

改传统平作为地面起垄，垄上覆膜种植，沟内灌水并通过侧渗供给作物需水的一种耕作方法。

4 产量及节水指标

4.1 产量

油葵产量 3375～4500kg/hm^2。

4.2　产量构成

保苗密度 8.25 万～9.0 万株/hm^2，盘粒数 800～1000 粒，千粒重 50～65g。

4.3　增产节水指标

与传统平作条膜覆盖栽培相比，垄膜沟灌增产 15% 以上、节水 18%～25%。

5　产地环境条件

5.1　土壤肥力

油葵对土壤的适应性强，在重壤土及轻壤土中均能种植，也可在盐碱地、瘠薄地上种植，在各类土壤、各种地貌都可以正常生长。

5.2　气象条件

5.2.1　光照

全生育期需要光照 800～1100h。

5.2.2　温度

全生育期需要≥10℃的有效积温在 1900℃以上。

5.3　灌溉水条件

水质符合国家 GB5084 农田灌溉水质标准的要求。

6　栽培技术

6.1　选地与整地

选择前茬为小麦、玉米等禾谷类作物地块，避免重茬。豆类、油菜因感染菌核病，避免作前茬。播前结合施基肥深耕一次，耕深 20～25cm，耕后及时耙耱，镇压保墒，要求地平、土绵、墒足，地面无土块和竖立草根。

6.2　土壤处理

6.2.1　防治地下害虫

金针虫、地老虎等地下害虫严重的地块，用 75% 辛硫磷 3.75kg/hm^2 或 40% 甲基异柳磷 7.5kg/hm^2 掺细土 300kg，结合播前深耕施入土壤进行防治。

6.2.2　播前防治杂草

杂草危害严重的地块，可用氟乐灵 4.5kg/hm^2 兑水 300kg 播前 10d 在地面均匀喷洒，耙入土层 10cm，防窄叶杂草并防治油葵苗受药害。

6.3　种子准备

6.3.1　品种选择

选用陇葵杂 1 号、法 A15 等品种。

6.3.2　种子质量

种子符合 GB4407.2 的要求。

6.3.3　种子处理

采用包衣种子，播前晒种 1～2d，以提高种子发芽力和发芽势。在包衣种子的基础上，采用种子量 0.2%～0.3%的 40%菌核净可湿性粉剂拌种，可有效防治菌核病的发生。

6.4　起垄覆膜

于油葵播种前 5～7d 用起垄覆膜机一次性完成起垄覆膜作业。起垄要求垄幅 100cm、垄宽 60cm、垄沟宽 40cm、垄高 20cm，起垄后垄面平整，无土块、草根等硬物，用幅宽 90cm、厚度 0.008mm 的地膜覆盖垄面，并在膜面每隔 200cm 左右压一土带。

6.5　播种

6.5.1　播种期

在 4 月上、中旬进行，地表气温稳定通过 10℃，5cm 深土层 4～5d 地温稳定在 8～10℃时可播种。

6.5.2　种植规格

垄面种植 2 行油葵，行距 50cm，株距根据选择的品种要求确定，一般为 22～24cm。

6.5.3　播种量

播种量 6.0～7.5kg/hm^2。

6.5.4　播种密度

播种密度 8.25 万～9.0 万株/hm^2。

6.5.5　播种方式

6.5.5.1　人力穴播机播种

根据品种种植规格，选择适宜穴播机，调整好下籽量，每穴 2～3 粒种子，播深 3～5cm。播种时注意要经常检查播种机，避免泥土堵塞穴播机的下籽口而影响播种质量。

6.5.5.2　人工点播

播前准备好按株距做好标记的木棍或线绳，播种时用人工点播器或小铲按标记和行距点播，播深 3～5cm，双粒点播或单双粒隔穴点播，播后用土封严膜孔。

7　施肥

7.1　基肥

农肥 45t/hm²，纯氮（N）75～90kg/hm²、磷（P₂O₅）120～150 kg/hm²，播前作为基肥一次性施入。

7.2　追肥

油葵现蕾期（5月下旬至6月上旬）结合头水追施纯氮（N）120～135 kg/hm²、钾（K₂O）45～60kg/hm²。追肥穴施于垄沟内膜侧，离植株不宜太近（一般15cm），否则，因花盘过大，易倒伏、烂盘，造成减产。

8　灌水

8.1　灌溉定额

生育期适宜灌溉定额为 180～255mm。

8.2　灌水次数及灌水时间

油葵全生育期灌水 2～3 次。现蕾期（6月上旬）灌水量为 90mm，开花期（7月上旬）灌水量为 90mm，灌浆期（7月下旬）若干旱严重，则灌一次水，灌水量为 75mm。灌水时小水慢灌，防止漫垄。

9　病虫害防治

9.1　主要病虫害

油葵主要病害是锈病、霜霉病、叶枯病（褐斑病）、叶斑病和菌核病。主要虫害是向日葵螟、钻心虫和地老虎。

9.2　防治原则

始终贯彻"预防为主，综合防治"的植保方针。

9.3　农业防治

对种子、土壤消毒，培育壮苗，合理轮作，创造适宜的生态环境，科学管理。

9.4　化学防治

农药的使用应符合 GB/T8321 农药合理使用准则（所有部分），使用化学农药时，应按 GB4285 标准规定执行。具体防治方法见附录 A。

10　田间管理

10.1　破除板结和地膜检查

出苗前，要经常检查盖膜孔的土是否出现板结。如有板结，要及时破除。地膜若被撕烂或被风刮起，要及时用土压严。

10.2　查苗与补苗

出苗后，田间逐行检查，及时放苗，对缺苗要及时进行补苗。可选用早熟品种及时催芽补种，或结合间苗在苗多处带土挖苗，在缺苗处坐水补栽。

10.3　去杂定苗

根据油葵种植品种的特征特性在 2～3 对真叶时结合中耕除草进行田间去杂定苗，定苗时留生长健壮的高大苗，拔除长势不好的弱苗、病苗，每穴留苗 1 株。

10.4　杂草防除

在油葵生长过程中，可人工拔除或喷除草剂进行化学防除钻出地膜的杂草和垄沟内的杂草。

10.4.1　人工拔除

可在油葵定苗时进行。

10.4.2　化学除草

防除阔叶杂草可用 50%扑草净 $3kg/hm^2$ 兑水 300kg，播后 3d 内喷洒，杀死萌动草。防窄叶杂草可用氟乐灵 $4.5kg/hm^2$ 兑水 300kg 播前 10d 喷施，耙入土层 10cm，防治苗受药害。

10.5　辅助授粉

10.5.1　虫媒授粉

油葵是虫媒异花授粉作物，花粉粒重，不易随风飘移，主要是依赖昆虫传粉，在花期可适当放蜂，数量为 3 箱/hm^2。

10.5.2　人工授粉

在盛花期进行，方法是将相邻的两个花盘相互轻按即可，每隔 1～2d 进行一次，连续进行 2～3 次。时间为上午 9～12 时或下午 3～6 时。

10.6　适时收获

90%以上的花盘背面变黄，苞叶变褐，茎秆黄老，种皮形成该品种特有色泽，籽粒变硬时收获，收后及时脱粒晾晒，切忌堆在一起，以防霉烂。当籽粒含水量降至 12%以下时入库保藏。

11　产品要求

质量符合 NY/T601 标准要求。

附录 A

（资料性附录）

油葵垄膜沟灌节水栽培主要病虫害及化学防治方法

A.1　油葵垄膜沟灌节水栽培主要病虫害及化学防治方法

表 A.1　油葵垄膜沟灌节水栽培主要病虫害及化学防治方法

病虫害名称	药剂名称	使用方法
地老虎	10%辛硫磷颗粒剂、90%晶体敌百虫	播种时，用 10%辛硫磷颗粒剂 37.5kg/hm^2，拌细土 300kg 穴施覆土；出苗后用 90%晶体敌百虫 900～1500g/hm^2，先少量温水溶化，然后用切碎的新鲜草等青料 20kg 拌匀，制成毒饵，在傍晚施于作物根部诱杀
向日葵螟	90%的晶体敌百虫	开花期在叶片、花盘喷施 90%的晶体敌百虫 500～1000 倍溶液
锈病	25%粉锈宁可湿性粉剂	发病初期用 25%粉锈宁 500～800 倍液喷雾
菌核病	70%甲基托布津可湿性粉剂，50%多菌灵	菌核病发病期，用 70%甲基托布津可湿性粉剂 800～1000 倍液或 50%多菌灵 1000 倍液田间喷雾 2 次
叶枯病	70%甲基托布津可湿性粉剂，50%多菌灵	发病初期用 50%多菌灵 1000 倍液或 70%甲基托布津 1500 倍液喷雾